服■装■设■计■师■书■系
FUZHUANG SHEJISHI SHUXI

NANZHUANG CHENGYI SHENGCHAN LIUCHENG SHEJI

男装成衣
生产流程设计

潘 力 吴正春 高克冰 李 鑫 著

辽宁科学技术出版社

沈 阳

图书在版编目（CIP）数据

男装成衣生产流程设计 / 潘力等著. —沈阳：辽宁科学技术出版社，2012.1
（服装设计师书系）
ISBN 978-7-5381-5690-4

Ⅰ.①男…　Ⅱ.①潘…　Ⅲ.①男服—服装缝制—生产流程—设计　Ⅳ.①TS941.718

中国版本图书馆 CIP 数据核字（2011）第 183681 号

出　版　者：辽宁科学技术出版社
　　　　　　（地址：沈阳市和平区十一纬路 29 号　邮编：110003）
印　刷　者：沈阳百江印刷有限公司
经　销　者：各地新华书店
幅面尺寸：184mm × 260mm
印　　　张：10.5
字　　　数：230 千字
印　　　数：1~4000
出版时间：2012 年 1 月第 1 版
印刷时间：2012 年 1 月第 1 次印刷
责任编辑：姚福龙　李丽梅
封面设计：东明书籍设计工作室　李晓萌
责任校对：刘　庶

书　　　号：ISBN 978-7-5381-5690-4
定　　　价：21.00 元

联系电话：024-23284063
邮购热线：024-23284502
http://www.lnkj.com.cn
本书网址：www.lnkj.cn/uri.sh/5690

P 前言
REFACE

　　服装企业生产流程设计是服装企业生产加工过程中极其重要的环节。生产流程各部分设计的是否科学合理，直接影响到服装企业生产效率的提升和加工成本的下降。尤其在世界经济危机阴影笼罩下的今天，依靠廉价劳动力追求生产加工利润的企业经营模式已经是日薄西山，服装企业为了在激烈的商战中生存和发展，都在尽其所能地拓展利润的空间，在设计、板型、工序、生产工艺、生产效率、质量保证等流程管理和质量管理上采用先进的信息化管理手段，多方面挖掘潜能，并力图制造能够被消费者认同的并具有高利润的产品，而这一切的基础和保障就是服装生产流程设计的科学性与合理性。因此，无论是企业还是公司，在追求发展空间和利润时都必须有一套严谨科学的生产流程设计体系，并严格按照流程来操作实施。

　　服装生产流程设计在国外的服装产业和服装教育领域里都是最重要的研究课题。但是，在我国目前的服装教育课程体系中，往往比较注重各类的款式设计、结构和工艺设计等内容，很少有涉及到服装生产流程设计的内容，各类的教科书在涉及的服装生产流程设计内容也是泛泛的概述，更没有专业论述某一类服装生产流程设计的专业教科书，这就造成院校设计教学和企业实际生产之间缺少衔接，相互脱节，学生毕业之后不知道如何将所学知识与企业的实际生产环节相结合，适应不了服装企业的需求的现实问题，因此《男装成衣生产流程设计》无疑是在该领域填补了此项空白。

　　《男装成衣生产流程设计》的作者系大连工业大学服装学院的潘力教授、大连大学美术学院的吴正春副教授、大连服装公司总经理高克冰、大连大杨集团华星服装有限公司经理李鑫，他们中既有活跃在教学一线的老师，也有常年工作在企业的技术人员和企业的管理人员，因此本书内容全面，例举翔实，不仅有助于服装设计院校师生去了解服装行业的生产流程设计的内容及重要性，更可以成为指导企业技术人员工作的参考书。

　　本书在编写过程中，由于时间有限，问题在所难免，恳请各位读者批评指正，我将不胜感激。

潘　力

2011 年 9 月 27 日于大连

C目 录
ONTENTS

第一章
成衣及成衣生产流程概述

所谓成衣生产工艺流程是指从面辅料采购进厂到最终服装成品出厂整个过程中的各道生产工序的安排顺序。

由于成衣品种的多样性，决定了成衣工艺的复杂性。产前对成衣工艺流程进行科学合理地设计，既是优秀的服装企业管理者必须具备的专业素质，也是有效地保证服装的生产加工质量，提高生产效率，降低生产加工成本，保证缝制工厂按合同工期交货的必备条件。

本章从成衣的基本概念入手，在了解成衣企业的类别及典型生产加工型服装企业的组织结构的基础上，详细介绍成衣工艺流程的内容。

一、成衣的概念及其特性

在缝纫机出现之前，服装的制作是由家庭主妇或专业裁缝手工缝制完成的。由于采用手工缝制，劳动效率低，成本高，仅有上层社会生活富足的家庭才能够请得起裁缝，进行量身订制。缝纫机的出现，极大地提高了生产速度，降低了成本，并形成了批量生产模式。伴随着人类社会的日益进步和科技水平的不断提高，以及人们生活方式的不断变化，批量生产模式逐渐取代了量身订制这种传统制衣方式，在现代服装消费中处于主流地位。

1. 成衣的概念

成衣（confection）从字面上可解释为"现成的衣服"，含有预先缝制完成的意思，这主要是相对于传统订制服装而言。

传统订制服装（couture）是指专为特定的个体订制的服装，既按照特定的身材、尺寸进行设计，再经过重复试样、多次修正之后进行制作的服装。

订制主要是为了服装的造型与体态吻合，以这种形式制作的服装加工时间长，质量高，生产成本高，能满足个性化的需要，当然价格也不低。因此，订制行业强调奢侈和工艺，立足于创新设计。

成衣是以非特定的多数人穿用为前提而生产加工的服装。具体讲，成衣的设计和生产是根据某一目标群体的需要，凭经验选用代表该群体审美特征的理想体型尺寸，按照预先统计出的合理的系列尺码和事先设计的款式而进行批量生产的服装。

成衣具有款式批量化、生产机械化、价格合理化、规格标准化、产品商业化的特性，因此成衣的生产模式与产品规格均有一定的标准依据，属于工业产品，适合于机械化流水线式的批量生产方式，能够大大降低生产成本。成衣大都按其款式、面料，有适当的洗涤标志、品牌标志，使消费者对用料成分、尺码、价格一目了然。

初期的成衣业，主要生产男性工作服、男装，以及妇女的外套、内衣、披肩、头饰等商品。随着成衣产业向成批生产和专业化生产发展，形成了有专门分工的工业化生产方式，并相应出现了与工业化生产相对应的专门的服装设计师、样板师、裁剪工、缝纫工、熨烫工、检验工、包装工等。它不同于单件制作，成衣对服装加工技术的要求更高，需要相互之间的密切配合，并相应地出现了设计、制板、裁剪、缝纫等加工工序，工作更趋向于规范化、标准化。服装加工技术由原来的简单的单件制作发展到了今天复杂高级的标准化、规范化的工业化批量生产。

随着人们消费水平的提高，人们的需求也在不断产生变化，成衣款式受时尚潮流的影响越来越强，消费者的需求划分越来越细，小批量、多品种、高品质的倾向也越来越明显，人们对产品的附加值的追求也愈趋强烈。

到了 21 世纪，数字化和信息化技术大量应用在服装设计、生产加工、物流和销售等环节上，极大地提升了服装企业的快速反应能力，实现了成衣生产的全球化。

2. 成衣的分类

成衣的风格及种类丰富多样，为了便于区分和管理，人们依据材料、性别、年龄、品种、风格、穿着方式、季节等许多方式进行分类（表 1-1）。

表 1-1　　成衣的分类

分类类型	1	2	3	4
面料组织	梭织服装	针织服装	—	—
性别	男装	女装	—	—
年龄	婴儿装	童装	青少年装	中老年装
季节	春装	夏装	秋装	冬装
生活方式	运动装	休闲装	礼服	职业装
着装形式	上装	下装	内衣	外套
填充物	羽绒	棉	—	—
面料成分	裘皮	羊毛	真丝	化纤
功能	衬衫	裤子	裙子	大衣
职业	军装	警服	工装	宇航服
价格	高档	中档	低档	—
……	……	……	……	……

3. 成衣生产类型及特点

服装产品的生产类型可依据产品的品种多少和生产批量的大小分为以下三种类型：
①多品种、小批量生产。
②中品种、中批量生产。
③少品种、大批量生产。

不同生产类型的特点（表1-2）。

表1-2 不同生产类型的特点

生产类型	少品种、大批量	中品种、中批量	多品种、小批量
专业化程度	较高	随批量大小变化	较低
机器配置	专用设备和专业工艺装备	有一定专用设备，机台适用面较广	通用的设备和工艺装备
应变能力	差	较好	很好
生产品种	西装、衬衫、裤子等	大衣、职业装等	女装、童装、时装等

4. 男装成衣的特点

对于男装而言，由于历史原因和现代社会的需要，其间蕴含的社会属性较多，礼仪要求较高，设计上趋于程式化，款式上趋于大众化，大多在西服套装、衬衫、夹克衫、大衣、便装、运动休闲等服装款式的基础上稍加调整，设计上强调细节和材料的应用，变化与女装相比要简单得多，但对加工工艺要求精细严格，追求高品质的做工和面料，对生产设备的依赖性也较高，尤其适合成衣化流水线生产的要求。

二、成衣生产企业的经营模式

为了迎合市场的变化，成衣生产企业的经营模式也在不断调整，目前已经形成了多种经营模式并存的状态。成衣的设计研发和生产加工可以是由同一个企业的两个不同的部门完成，也可以是由两个完全不同的企业来完成，这完全取决于企业的经营模式，不同类型的企业生产经营模式差别很大，管理方式各异，需要加以区分。

成衣生产企业的经营模式类型目前主要有自营品牌型、品牌经营型、生产销售型、生产型、加工型等5种类型。

1. 自营品牌型

这种企业基本特点是，从服装产品的企划、设计，到生产、销售，整个过程全部都是用自己企业的资金来运作。

服装生产是企业经营活动的一部分，自己拥有加工厂，但与品牌运作相比，并非处于主要地位，服装生产服务于品牌运营。

这种供、产、销一条龙的运作方式，宜于企业管理的规范化，但对企业管理者的经营素质要求很高。

2. 品牌经营型

这种企业基本特点是，以非生产企业为主体，以品牌无形资产为核心的资产运作模式，其经营管理的核心是品牌与销售渠道的开发、维护和管理。

品牌经营型企业自身不投资设立服装生产加工部门，但需借用其他服装加工企业的生产加工能力，生产与本企业品牌形象一致的服装产品，以集中精力从事品牌开发与管理、市场开发、产品开发、品质控制、销售渠道的管理与控制、市场信息管理等纯品牌经营行为。

因此，品牌经营型企业需要与一个各方面都能满足企业要求的加工型企业合作，并保证随时为之提供所需的服务。

3. 生产销售型

这种企业基本特点是，服装产品的企划和面料的选购及生产加工等生产过程都是用自有资金来运作完成，但不设直接管理的销售渠道。

生产销售型服装企业自身拥有加工厂，同时服装品牌也为本企业所有，生产企业以开发与生产市场适销对路的产品为主，并负责企业整个市场的品牌宣传；通过适当的品牌宣传，拥有了一定的消费群体，从而吸引中间商，产品由中间商推向市场，并负责所在市场区域的品牌形象宣传。

4. 生产型

这种企业基本特点是，服装企业与超级商场或大型连锁店形成联合体。从产品企划到设计都由超级商场或大型连锁店方面进行。生产加工由服装企业承担，品牌可以属于生产企业也可以属超级商场或大型连锁店。

生产型服装企业拥有自己的加工厂，如果是生产企业自有品牌，其营销观念必须与超级商场的经营理念保持一致。这种经营模式对双方都有好处，一方面商场可以为许多中小企业及新上市企业提供一个进入市场的机会，为其今后的扩张奠定基础；另一方面商场可以及时采购品种齐全、品牌众多的服装商品，发挥品种优势，满足顾客多样化的需求。

5. 加工型

这种企业基本特点是，服装产品的企划、设计、板型、工艺标准，以及面料、辅料、配件等制作衣服所需的所有原材料都由批发商、零售商或大买手提供，企业只是根据来样和来料进行加工。

加工型服装企业以生产加工为主体，拥有自己的加工厂，并凭借这一优势来吸引委托加工订单，生产时的所有工序都必须根据委托方的要求来做，而且，加工的品种不同、委托方不同，对加工的工序和质量要求也不一样，甚至连交货的方式也不一样。加工型企业收取的货款就不含其他因素，仅仅是加工费。这种企业多在成衣产地，大多是一些产量较大的企业。

另外，在成衣产地的企业中，也有一些自己进行服装产品企划，自己组织设计、生产的企业，一些大公司、知名品牌或缺少设计能力的时装公司从这些企业的产品中选择适合自己品牌概念的设计，向其订货，再订上自己的品牌商标，作为该品牌的商品向消费者出售，这种形式称为贴牌加工。

以上几种类型的企业，尽管企业运作方式不同，但其对成衣的品质要求是相同的。一款成衣从企划、设计到销售终端往往需要半年到一年的时间，成衣的生产制作都需要在具有配套加工能力的服装生产加工厂进行。许多具有服装加工企业的大公司为了产生最大效益，在管理体制上也都让设计企划部门和生产加工部门分开，独立经营，为了降低成本，生产加工厂的厂址往往也是和设计企划部门分开，生产加工企业通过生产订单来安排自己的生产计划。分工的细化，使生产成本和管理成本都大大降低，有利于提高产品质量。

三、典型生产加工型企业的组织结构

　　一般生产加工企业的组织结构会以生产和质量为中心进行建构，总经理（或厂长）负责全面管理，下属技术质量科、生产科、财务科、人事科等科室（部门）进行直接管理（图1-1）。

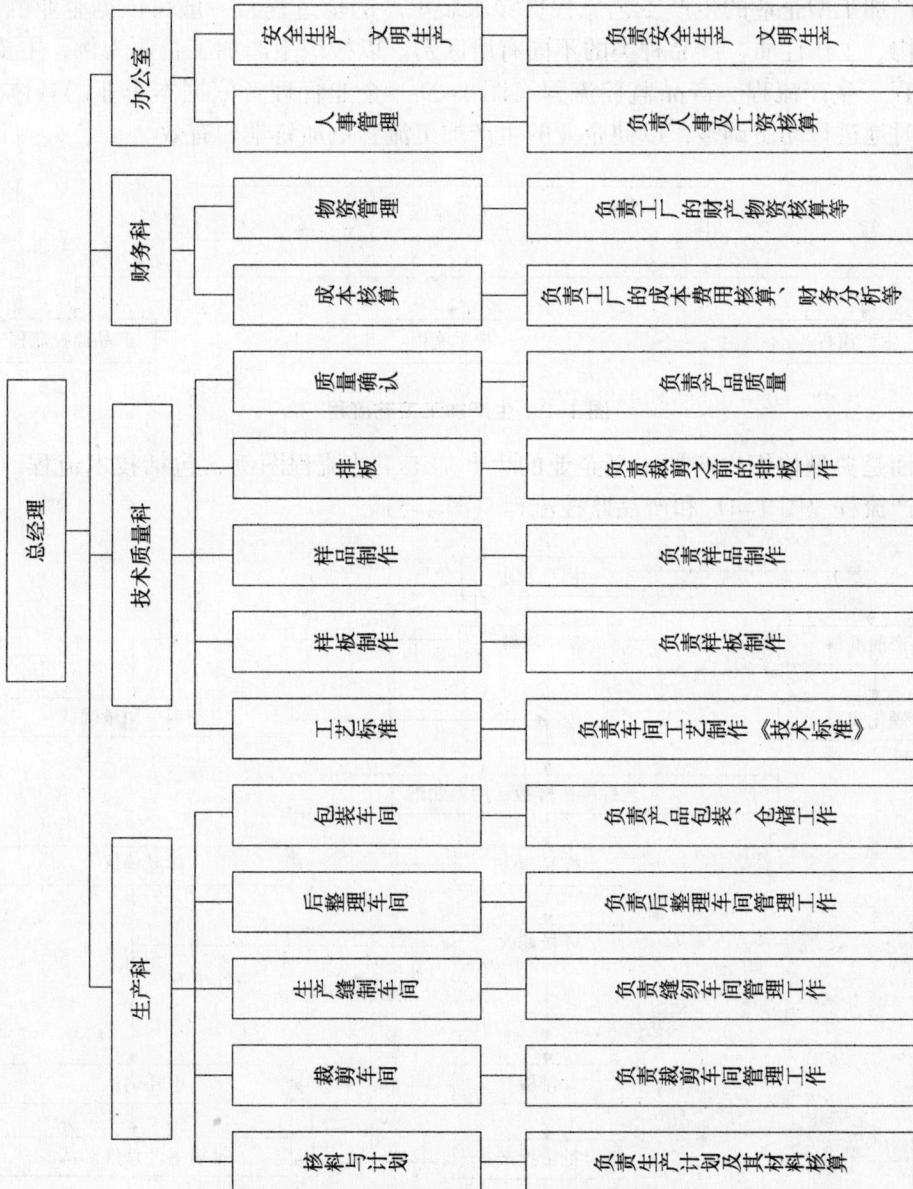

总经理
- **办公室**
  - 安全生产 文明生产 —— 负责安全生产、文明生产
  - 人事管理 —— 负责人事及工资核算
- **财务科**
  - 物资管理 —— 负责工厂的财产物资核算等
  - 成本核算 —— 负责工厂的成本费用核算、财务分析等
- **技术质量科**
  - 质量确认 —— 负责产品质量
  - 排板 —— 负责裁剪之前的排板工作
  - 样品制作 —— 负责样品制作
  - 样板制作 —— 负责样板制作
  - 工艺标准 —— 负责车间工艺制作《技术标准》
- **生产科**
  - 包装车间 —— 负责产品包装、仓储工作
  - 后整理车间 —— 负责后整理车间管理工作
  - 生产缝制车间 —— 负责缝纫车间管理工作
  - 裁剪车间 —— 负责裁剪车间管理工作
  - 核料与计划 —— 负责生产计划及其材料核算

图1-1　典型生产加工企业的组织结构

技术质量科是企业的核心部门，主要负责车间工艺标准制作、样板制作、样品制作、产前及批量生产的排板、产品质量确认等工作；生产科主要负责流水线的产前准备工作，裁剪车间、生产缝制车间、后整理车间、包装车间等各生产车间的生产管理；财务科、人事科和办公室等科室，则根据每个企业的具体情况，可以单列出来也可以考虑成本核算集中在一个科室统一管理。

四、生产加工型企业的生产工艺流程

生产加工型企业的生产工艺流程贯穿服装生产的全过程，一般可依据企业的规模、组织结构、工作性质、产品种类的不同有所区别。以梭织生产加工企业为例，主要分为技术流程、生产流程、产品监控流程（图1-2）。企业管理者依据本企业的具体情况，可以适时地进行动态调整，以使企业的生产加工流程更加科学、有效。

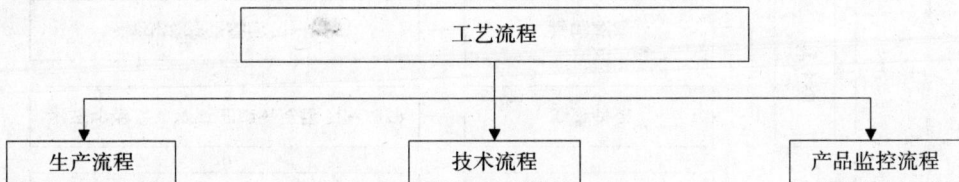

图1-2　生产加工工艺流程

下面是典型梭织生产加工型企业的生产加工工艺流程图例，包括技术流程（图1-3）、生产流程（图1-4）和产品监控流程（图1-5）。

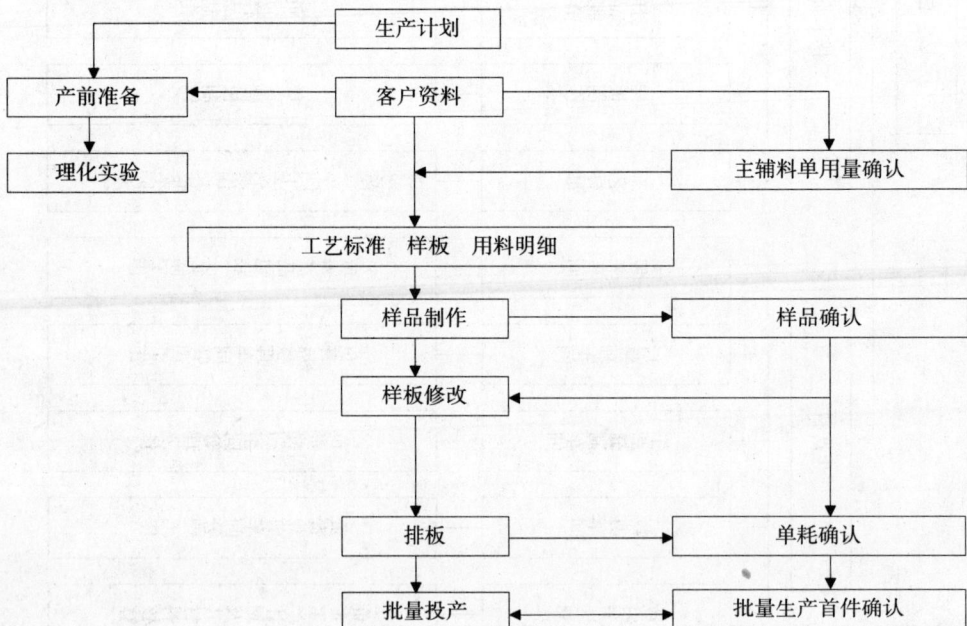

图1-3　技术流程图

订货合同书

技术准备

生产计划

财务备案

资材准备

设备调配

提取面辅料

裁剪设备

原材料检验及处理

缝制设备

增减产联系

整熨设备

下生产计划单

下生产领料单

确认

出入库

裁剪

缝制

过程检验

手缝

定型整熨

检查

最终检验
纠正指导

配套包装

核销结算

装箱出厂

售后服务

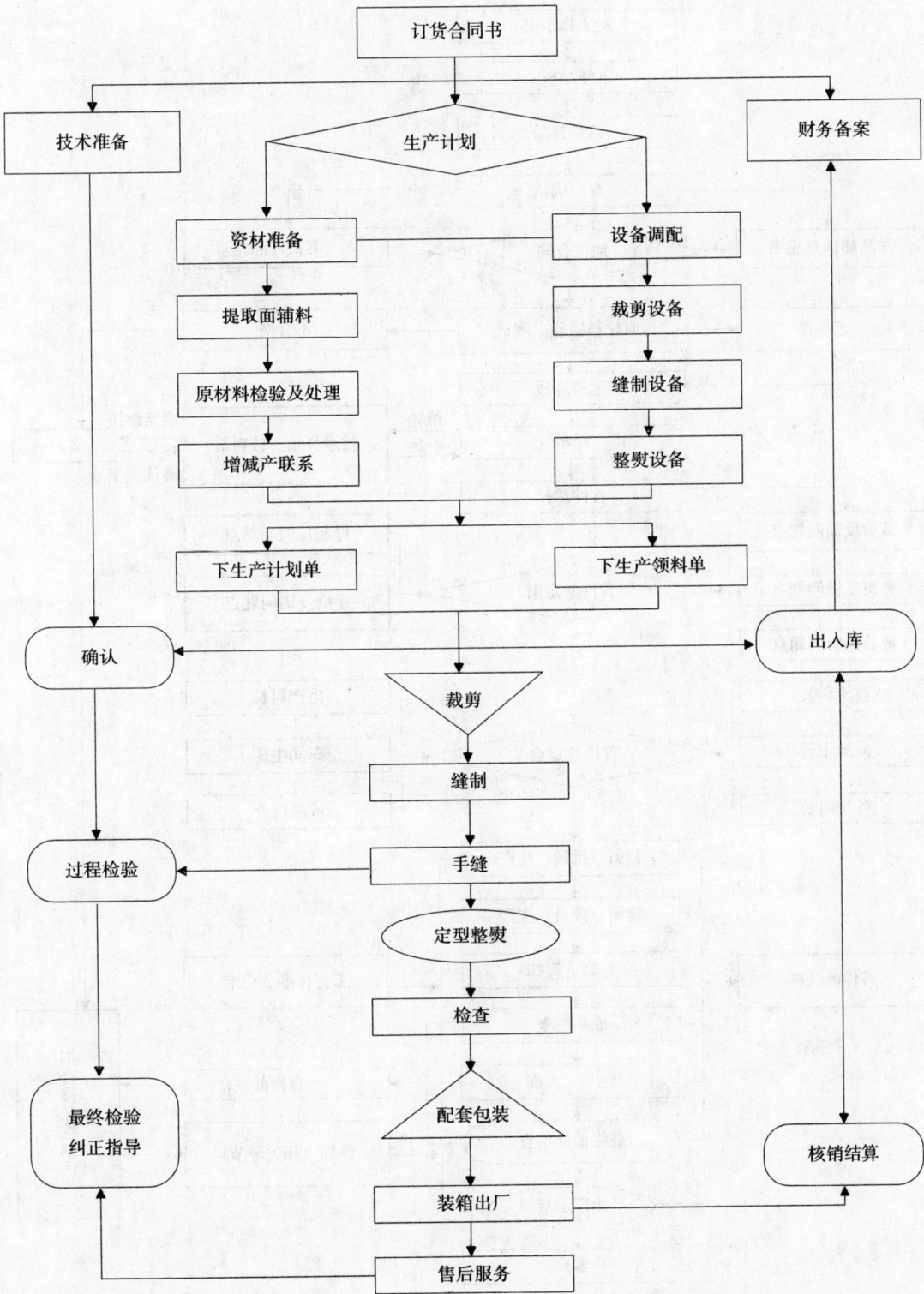

图 1-4 生产流程图

加工指示书

样品板

订货样品

客户确认

| 样品确认意见书 | 加工合同 | 客供样品 |

| 工艺标准 | 原材料检验、测试 | 不合格 |

生产样板

排板 — 单耗不足 → 技术科长、核料员 — 联系解决 / 确认签字 → 客户

首件预投

裁剪反馈问题点		缝制反馈问题点
整熨反馈问题点	首件鉴定书	手缝反馈问题点
成品检验问题点		

技术科长		生产科长
质量主管	首件鉴定会	车间主任
各班组长		成品检查

裁剪（批量）生产

缝制（批量）生产

| 首件确认样 | 整熨、钉扣 | 工艺标准、色卡 |

成品检查

| 包装、入库 | 不合格品 | 不合格品控制区 |

| 最终抽样检查 | 修理（相关环节） |

出厂走货

客户

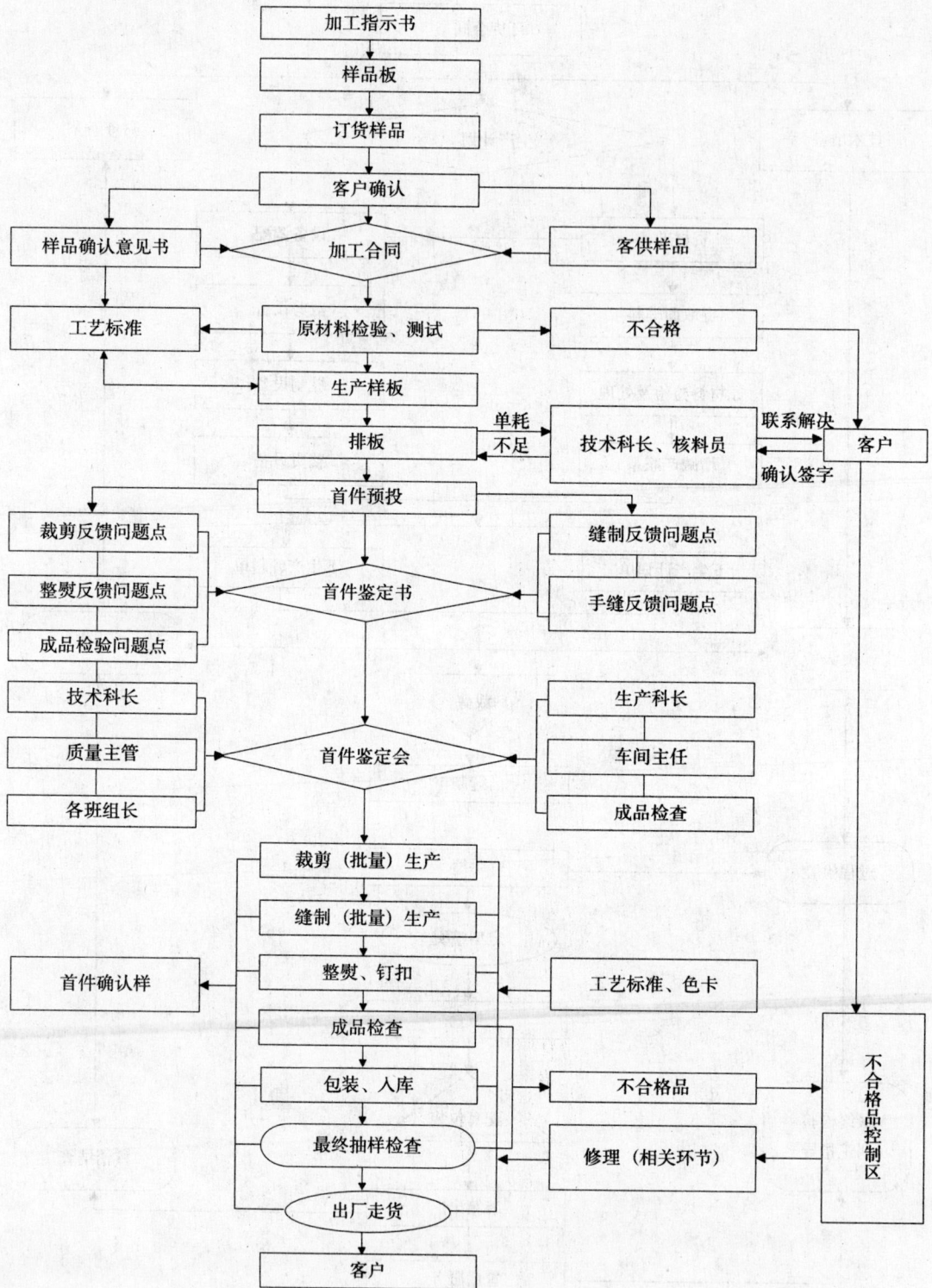

图 1-5　产品监控流程图

在生产加工企业的产品加工工艺流程中，产品监控管理和技术管理属技术科的管理职能范畴，生产管理属生产科的管理职能范畴。产品监控流程的管理也可以单独成建制管理，但大部分服装企业将其归到技术部门进行统一管理。

在技术科岗位划分中，技术人员要完成成衣工艺设计中的成衣样板的准备、成衣生产的材料准备、工艺文件和工艺标准的编制及生产线产品质量监督工作。因此技术管理既是整个管理过程的基础和核心，又对生产管理起到指导与监控的作用，技术管理过程中任何一个环节出现问题，都会对企业生产带来严重危害。

五、服装生产加工型企业的工艺流程分析

1. 典型梭织生产加工型企业的生产加工工艺流程

常用的服装梭织面料是织机以投梭的形式，将纱线通过经纬向的交错而组成，其组织一般有平纹、斜纹和缎纹三大类以及它们的变化组织。从组成成分来分类包括棉织物、丝织物、毛织物、麻织物、化纤织物及它们的混纺和交织物等，梭织面料在服装中的使用无论在品种上还是在生产数量上都处于领先地位。

梭织服装因其款式、工艺、风格等因素的差异在加工流程及工艺手段上有很大的区别。典型梭织生产加工型企业的生产加工工艺流程包括技术流程、生产流程和产品监控流程三大主要流程，其中技术流程的核心内容是生产样板的准备和工艺标准的制定，为生产加工过程做好产前的技术准备；生产流程主要是依据技术准备来组织服装产品各具体生产加工过程；产品监控流程的核心是对生产加工的全过程进行质量监控，保证产品的生产加工质量达到工艺标准的要求。三个流程既相互独立又密切相关，要求各部门之间的协作要协调有序，紧密配合，从而保证生产的高效有序。

（1）技术流程

具体讲，技术流程是确保批量生产顺利进行以及最终成品符合客户要求的重要手段。在批量生产前，首先要由技术人员做好生产前的技术准备工作。技术准备包括工艺单、样板的制定和样衣的制作三个内容。

工艺单是服装加工中的指导性文件，它对服装的规格、缝制、整烫、包装等都提出了详细的要求，对服装辅料搭配、缝迹密度等细节问题也加以明确。服装加工中的各道工序都应严格参照工艺单的要求进行。

样板制作要求尺寸准确，规格齐全。相关部位轮廓线准确吻合。样板上应标明服装款号、部位、规格及质量要求，并在有关拼接处加盖样板复核章。在完成工艺单和样板制定工作后，可进行小批量样衣的生产，针对客户和工艺的要求及时修正不符合点，并对工艺难点进行攻关，以便大批量流水作业顺利进行。样衣经过客户确认签字后成为重要的检验依据之一。

（2）生产流程

服装生产流程可以简单划分为裁剪工艺流程和缝制工艺流程两大部分，裁剪工艺流程包括原材料检验、裁剪等工序，缝制工艺流程包括缝制、锁眼钉扣、整烫、成衣检

验、包装入库等工序。

①原材料检验：原材料进厂后要进行数量清点以及外观和内在质量的检验，符合生产要求的才能投产使用。物料检验包括外观检验、色差检验、色牢度检验、收缩率检验、撕裂强度检验、粘合牢度检验、脏污破损检验等。对不能符合要求的物料不予投产使用。

②裁剪：裁剪前要先根据样板绘制出排料图，"完整、合理、节约"是排料的基本原则。

③缝制：缝制是服装加工的中心工序，服装的缝制根据款式、工艺风格等可分为机器缝制和手工缝制两种。在缝制加工过程中实行流水作业。

④锁眼钉扣：服装中的锁眼和钉扣通常由机器加工而成，扣眼根据其形状分为平形孔和圆形孔两种。

⑤整烫：服装通过整烫使其外观平整、美观。整烫分为平台整烫和模具整烫两种，平台整烫主要烫一些对立体造型要求不高的服装，如衬衫、连衣裙、风衣等；模具整烫主要烫对立体造型要求较高的服装，一般专指正装西服。

⑥成品检验：成品检验是服装进入销售市场的最后一道工序，因而在服装生产过程中，起着举足轻重的作用。由于影响成衣检验质量的因素有许多方面，因而，成衣检验是服装企业管理链中重要的环节。

⑦包装入库：服装的包装可分挂装和箱装两种。箱装一般有内包装和外包装。内包装指一件或数件服装入一个包装袋或包装盒，服装的款号、尺码应与包装袋上标明的一致，包装要求平整美观，一些特别款式的服装在包装时要进行特别处理。例如扭皱类服装要以绞卷形式包装，以保持其造型风格。外包装一般用纸箱包装，根据客户要求或工艺单指令进行尺码颜色搭配。包装形式一般有混色混码、独色独码、独色混码、混色独码四种。装箱时应注意数量完整，颜色尺寸搭配准确无误。外箱上要印刷文字及图案标识，标明客户、指运港、箱号、数量、原产地等，要求内容与实际货物相符。

2. 典型针织生产加工型企业的生产加工工艺流程

针织服装大都是以棉和化纤棉纱为原料，其特点是柔软、有弹性、透气、吸汗，穿着舒适，如 T 恤、运动服和内衣等。针织服装作为服装除了有和梭织服装的共性方面外，还具有其特性。

针织服装和梭织服装的根本区别在于针织服装的材料通过织机使纱线组织成线卷互相串套而成为织物的编织过程。编织方法可分为纬编和经编两大类，作为针织用衣的面料大都是纬编织物。纬编是将一根或数根纱线由纬向喂入针织机的工作针上，使纱线顺序地弯曲成圈，且加以串套而形成纬编针织物。用来编织这种针织物的机器称为纬编针织机。纬编对加工纱线的种类和线密度有较大的适应性，所生产的针织物的品种也甚为广泛。纬编针织物的品种繁多，既能织成各种组织的内外衣用坯布，又可编织成单件的成型和部分成型产品，同时纬编的工艺过程和机器结构比较简单，易于操作，机器的生产效率比较高，因此，纬编在针织工业中比重较大。纬编针织机的类型很多，一般都以针床数量、针床形式和用针类别等来区分。经编是由一组或几组平行排列的纱线分别排列在织针上，同时沿纵向编织而成。用来编织这种针织物的机器称为经编针织机。一般经编织物的脱散性和延伸性比纬编织物小，其结构和外形的稳定性较好，它的用途也较广，除可生产衣用面料外，还可生产蚊帐、窗帘、花边装饰织物、医用织物等，经编机同样也可以以针床、织针针型来进行区分。因此，其加工工艺流程与梭织服装略有差别。

工艺流程：纺纱→编织→验布→裁剪→缝制→整烫→成品检验。

（1）纺纱

纺纱的目的是使进厂的棉纱卷绕成一定结构与规格的卷装筒子，以适合针织生产之用。在纺纱过程中要消除纱线上存在的一些疵点，同时使纱线具有一定的均匀的张力，对纱线进行必要的辅助处理，如上蜡、上油等，以改善纱线的编织性能，提高生产效率和改善产品质量。

（2）编织

编织方法可分为纬编和经编两大类，作为针织用衣的面料大都是纬编织物。

（3）验布

由于坯布的质量直接关系到成品的质量和产量，因此裁剪前，必须根据裁剪用布配料单，核对匹数、尺寸、密度、批号、线密度是否符合要求，在验布时对坯布按标准逐一进行检验，对影响成品质量的各类疵点，例如色花、漏针、破洞、油污等须做好标记及质量记录。

（4）裁剪

针织服装裁剪的主要工艺过程为：断料→借疵→划样→裁剪→捆扎。

借疵是提高产品质量、节省用料的重要一环，断料过程中尽可能将坯布上的疵点借到裁耗部位或缝合处。

（5）缝制

由于针织织物是由线圈串套组成，裁剪后的衣片边缘容易发生脱散，故应先将衣片边缘包缝（俗称"拷边"）后再用平缝机等缝制加工。平缝机和包缝机是缝制针织服装的主要机种。

（6）整烫

针织服装通过整烫使其外观平整、尺寸准足。熨烫时，在衣内套入衬板使产品保持一定的形状和规格，衬板的尺寸比成衣所要求的略大些，以防回缩后规格过小。

（7）成品检验

成品检验是产品出厂前的一次综合性检验，包括外观质量和内在质量两大项目，外观检验内容有尺寸公差、外观疵点、缝迹牢度等。内在检测项目有面料单位面积重量、色牢度、缩水率等。

由于篇幅有限，本书仅对梭织男装生产的技术流程进行详细地介绍（且不在加述梭织字样），阐述技术流程中相关重要环节，包括成衣样板制作流程、工艺标准编制工作流程、成衣裁剪工艺流程、缝制加工工艺流程等诸多环节及内容，以其对成衣生产加工企业管理人员、服装院校师生和业界同仁有所借鉴。

第二章
成衣样板制作流程

　　成衣样板的准备是成衣工艺设计流程中的一项基础内容，也是成衣工艺设计的重要内容。伴随成衣工业的快速发展，为了适应成衣规格化、系列化、批量生产的特点和服装造型的需要，先在图纸上进行结构制图，并裁制成系列样板（亦称纸样），然后依据成衣样板进行裁制，这个过程称为成衣样板的准备，亦称为成衣样板设计。

　　成衣样板设计与其他的工业产品设计一样，都是以制图为基础，是产品生产制造的依据，这些产品如果事前没有绘好图样、标好规格尺寸、确定好工艺标准，便无法进行有效而精确的加工。如果因为样板有缺陷，使生产过程产生失误，便会导致生产时间的损失、材料的损失、生产成本的提高，进而不得不提高价格，甚至产生废品，不能按期交货，对企业会产生相当大的危害，严重的甚至可以导致企业倒闭。因此，样板的设计和制作，一定要严谨，要严格按标准进行操作。

一、成衣样板的种类

　　在服装企业中，为了规范化管理的需要，根据成衣样板自身的特点以及使用目的不同，成衣样板被划分成不同的种类，并进行系统化、科学化的管理。表 2-1 是几种常见的分类方法。

二、成衣样板制作流程

　　缝制工厂接受生产任务主要有两种形式，一种是为本企业品牌生产加工，另一种是接受订单加工，因此，成衣样板准备的方式和流程也略有差异。

1. 为本企业品牌生产加工产品

　　对于有设计能力的企业，一般情况下，企划部或设计部门需要提前半年到一年进行设计。在设计师的设计效果图完成后，要根据顾客层的体型特征和设计稿进行服装的样板设计，并完成测试样板，并按照测试样板做出成衣样品，随后进行样品的初步讨论，对服装的样板进行修正，制作出展示会或者样品订货会需要的样品，并精心组织参加业内的展示会或者企业内部的样品订货会。随后，规范的服装企业会召开企划会议，有设计师、经销商、营业负责人等出席，讨论在展示会上收集的概念、图案、材料、色彩、设计款式等，修订设计方向，并接受销售部门或中间商的订货。拿到订单，为了适应生产而对板型修正和制作工业用样板，经推板、排板后到缝制工厂完成生产样板，而后进行生产加工（图 2-1）。

表 2-1　　　　　　　　　　　　　**成衣样板的常见分类方法**

序号	种类	备 注
1	已有样板	通常指企业以前使用过的样板，也指客户为了加工需要而事先提供的样板。在企业中大部分样板的制作，都是根据企业已有的样板进行展开变化而成
2	测试样板	测试样板是样板师依据设计图和规格尺寸的要求而制作的第一次样板，也叫第一样板，主要是用来制作初期样品的，目的是通过样品的制作来测试设计、规格尺寸以及样板本身的合理性。一般情况下，测试样板要反复进行多次，基本上是不带缝份的净样板
3	工业样板	是在测试样板的基础上，为适应工业化生产而制作的样板，是尺寸、结构已经定型，各部位缝份及符号标注齐全的样板
4	附件样板	是指辅料及面料小部件样板，如里料、衬布、兜布、垫带、垫布、拉布等样板。附件样板在测试样板和工业样板阶段往往被省略，但生产阶段必须进行样板的制作
5	生产样板	是缝制工厂根据自身的实际情况和面、辅料特征，对工业样板进行进一步调整的样板
6	净板样	是指缝制工厂为了确保造型准确、尺寸吻合而制作的样板，主要用于画线、定位、测量等，一般采用比较硬实耐用的纸张或硬塑材料
7	模具样板	是指缝制工厂为了确保部件缝制精准、统一而制作的缝制模具，如夹板、砂纸板等
8	经典样板	是指已使用过的、被证明结构比较优秀的、代表不同类型的样板。有经验的样板师会对这一类样板进行归纳、总结、保管，以利于后续使用

2. 接受客户的订单

　　加工型的企业，则根据客户提供的样品，来进行测试样板的设计、样品的制作、样品的确认和板型修正，并制作工业板型，经推板、排板后到缝制车间进行加工。一般的订单加工，都是由客户提供工业样板，在有些不提供工业样板的情况下，样板师仍然需要从测试样板开始制作（图 2-2）。

```
┌────────┐  ┌────────┐  ┌──────────┐  ┌────────┐  ┌──────────┐
│  设计图  │  │ 消费群   │  │ 同类参考样板 │  │ 工艺档次 │  │ 面辅料特性 │
│        │  │ 形体特点  │  │ 或同类原型  │  │        │  │          │
└────────┘  └────────┘  └──────────┘  └────────┘  └──────────┘
```

制作测试样板 → 修改、调整测试样板

制作样品

展示会　订货会　公司内部鉴定会

制作工业样板

制作产前样品

产前样品鉴定

调整工业样板

制作附件样板

推板、排板

制作净样板

制作模具样板

分类管理经典样板

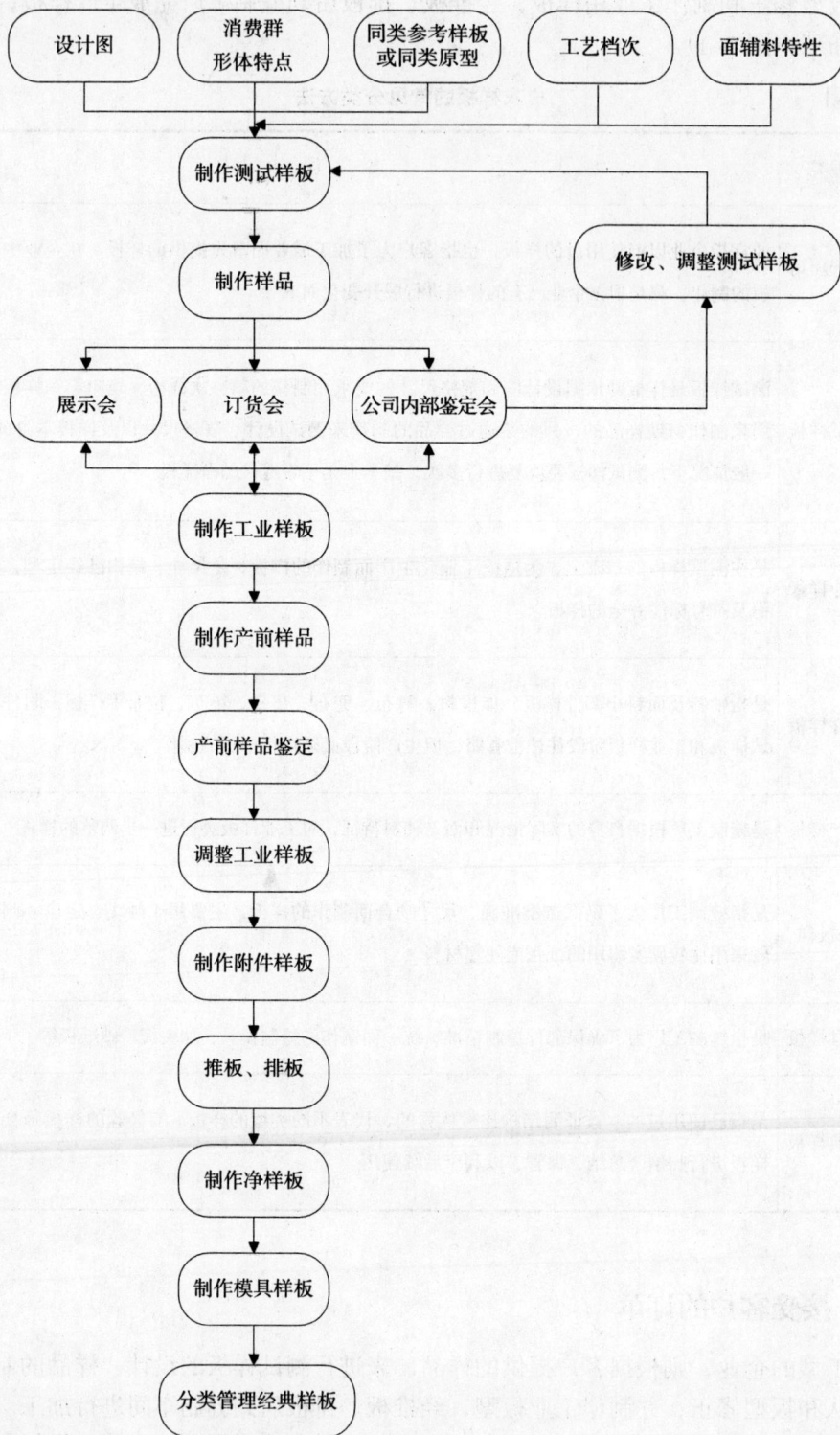

图 2-1　成衣样板制作流程（1）

客供工业样板　　客供样品　　工艺指示书

校对款式　　校对尺寸　　校对结构　　工艺要求　　面辅料特性

调整工业样板

有时需要多次调整

制作产前样品

产前样品鉴定

制作附件样板

推板、排板

制作净样板

制作模具样板

分类管理经典样板

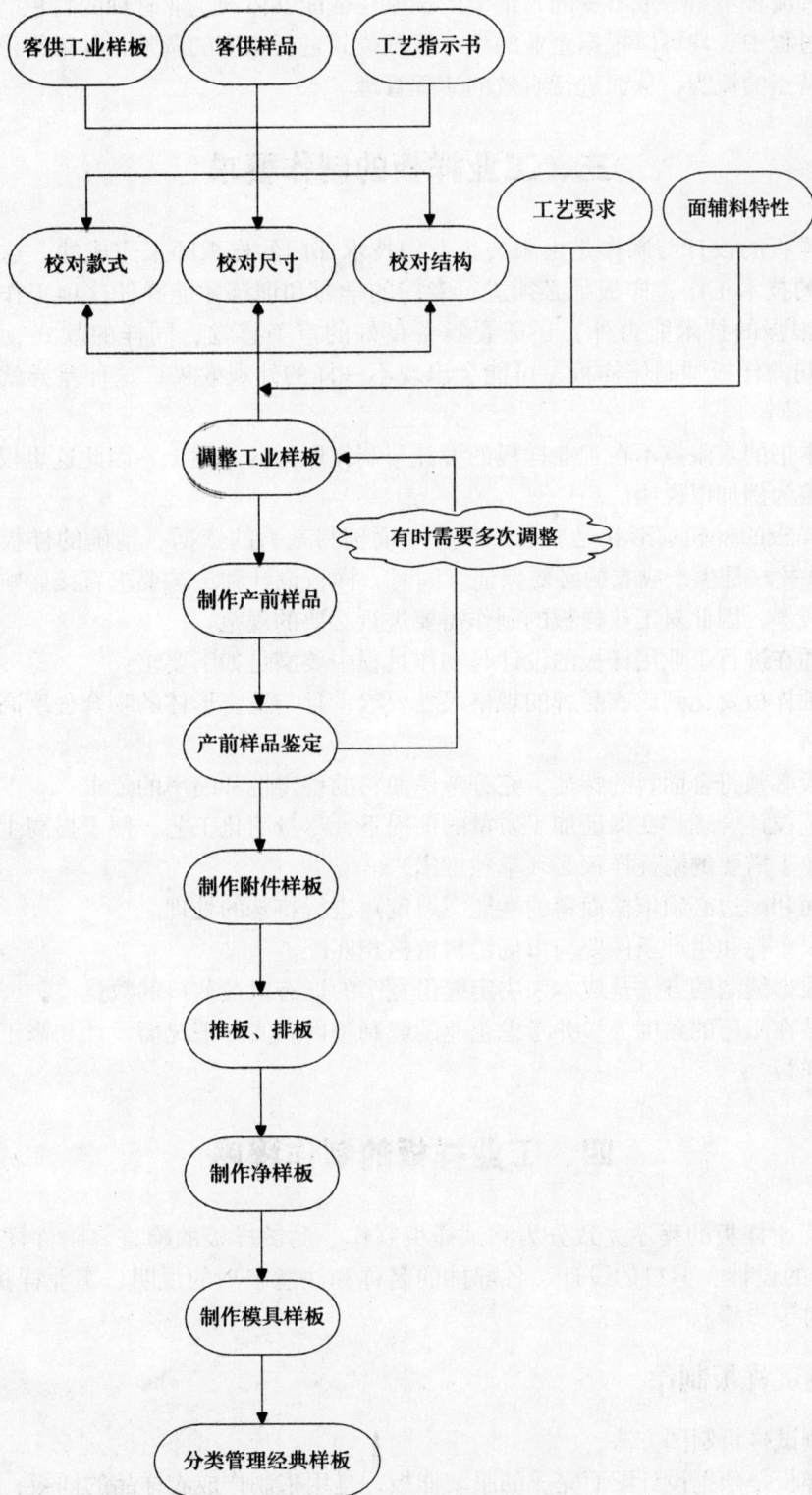

图 2-2　成衣样板制作流程（2）

这两种流程不是一成不变的，细节的调整往往能够体现企业管理的特色。在不同企业运作的过程中，均可以根据企业的生产管理模式进行相应的调整，并最终形成符合本企业自身特点的流程，从而进行有效的流程管理。

三、工业样板的制作要求

工业样板的设计与制作是由服装企业中技术部门的样板师来完成的。这是一项专业性极强的技术工作，样板师必须进行专门的学习和训练才能胜任这项工作，样板师除了具有很强的技术能力外，还需要具备良好的审美感觉，同样的款式、同样的尺码，由不同的样板师制作样板，可能会出现不一样的外观效果，这种差异就源于样板师美感的不同。

由于本书的着眼点不在工业样板的设计与制作原理的阐述上，因此这里仅以男装设计中的西装为例加以说明。

工业样板的外轮廓形状是服装加工企业面辅料裁剪的依据，精确的样板和标准的《工艺说明书》是生产成衣的必要保证。同时，样板设计和工艺要求直接影响到产品的生产加工成本，因此对工业样板的制作需要进行必要的规范。

样板师在进行工业用样板的设计与制作过程中要满足如下要求：

①所画样板要达到成衣品牌的规格尺寸要求，且与适合形体的吻合程度高，并能体现品牌风格。

②样板必须符合面料的特征，充分考虑面料的稳定性和缩率的要求。

③工艺设计合理，在保证加工质量的前提下，尽量简化工艺，便于提高生产效率。

④工业上需要的附件样板必须单独做出来。

⑤领面和贴边必须依据面料的性能（厚度）进行特殊的处理。

⑥成衣单耗和生产条件要与市场销售价格相匹配。

⑦要根据缝制的方法及成本来决定缝份宽窄的形态以及剪口的数量。

⑧要站在工厂的角度上，并考虑企业的缝制条件和实际情况而设计和修正，从而做出工业用样板。

四、工业样板的制作程序

制作工业样板的程序大致分为测试样板制作、测试样板的检查、附件样板（零料板）、缝份的设计、剪口的设计、各部件的名称和注意事项的说明、工业样板的制作、样板的校对等步骤。

1. 测试样板制作

（1）测试样板制图方法

测试样板是依据设计图而完成的服装样板，是用来制作成衣样品的样板，可以采取立体结构制图或平面结构制图等多种方法进行样板制作。

①立体结构制图：将坯布披在人体模型上，边画边裁剪，是立体的样板制作方法。

②平面结构制图：平面结构制图是根据设计款式图，对胸围等尺寸进行判断，以尺寸为基础在图纸上直接画板型的方法。

（2）测试样板制作步骤

由于测试板型制作需要掌握系统的服装结构设计方法，不作为本书的重点，本书仅以男西装为例加以说明。

例：男西装的样板制作

1. 测试样板的制作

（1）男西装款式如图 2-3 所示。

图2-3 男西装的款式图

（2）测量规格尺寸、选择基础号型及设计尺寸如表 2-2 所示。

表 2-2　　　　　　　　　　　　男西装的制板尺寸　　　　　　　　　　　单位：cm

基础号型	总长	胸围（B）	腰围（W）	袖长	备　注
175/96A	146	96	84	58	
备注	从人体第 7 颈椎至地面的长度	S=B/2=48 （半胸围）	C=W/2=42		制图顺序是由后衣片开始

（3）制图参考公式如表 2-3 所示。

表 2-3 　　　　　　　　　　　　　　　制图参考公式　　　　　　　　　　　　　　单位：cm

后　片	前片及肋片	大小袖片	备　注
O：基点 O~L：总长／2+2.5=衣长 O~W：衣长／2 O~E：S/3+8 E~E'：S/3+7 A：O~E/2 L~H：5 ∠H：90° H~H'：W~V+1 B~O：L~H' K：O~E/2 K~J：1.5 C~B：4 S：C~B/2，左 1.5 S'：C~B/2 （S~E）：是袖山的高度 O~M'：S/6+1 M~M'：O~M/3	F~D：S/3+5 D~D'：O~E+1.5 F~F'：S/2 D~U：3 G~K'：S/3+1.5 T：C 的水平线位置 T~T'：F~D/5 N~T'：S~M-1 N~Y：4 R~N：2.5 R~Q：11 Q~Z：8.5 P：W 线下 9 大兜位与底摆平行，兜宽 5.5，兜长 15 胸兜长 11，宽及倾斜度可 以根据流行款式而定，宽 度一般是 2.5	大、小袖片是根据衣身的袖 窿形态及相关数据设计的 O~L：58 D~O：（S'~E） D~U：D~U U~TS：U~T+U~T/10 TS~A：S~A+1 O~K：A~A/4 L~L'：16 袖子的其他相关制图方法 请参考图示	衣片制图的袖窿有 0.7cm 的缝份，肋片后侧缝和后 片的侧缝是有 1cm 的缝份， 其他部位是净份 袖子制图的袖山有 0.7cm 的缝份，同时袖的内外侧 缝有 1cm 的缝份，袖口部 位是净份

（4）参考公式或者企业最习惯的方法进行结构制图，如图 2-4、图 2-5 所示。

（5）测试样板的自身检验与完成。

首先要针对胸围、臀围的尺寸进行严格的测量；对面料的伸缩性进行仔细的测量；缝合线（结构分割线）设计合理，同时要易于缝制，对应的缝合线的长度以及线的分割形式要相同；面料的纱向表示要准确无误。

（6）依据样品的结果对测试样板进行检验。

测试样板做成之后，要进行样品制作，根据样品的效果，进一步修改、完善测试样板。

2. 工业用样板的制作

（1）缝份的设计

① 缝份的宽度设计：缝份的宽度设计需要根据产品档次、缝合的方法来设计缝份的宽度、下摆的宽度和袖口的折边，一般情况下，可以采用 1cm 为设计缝份的基本尺寸，

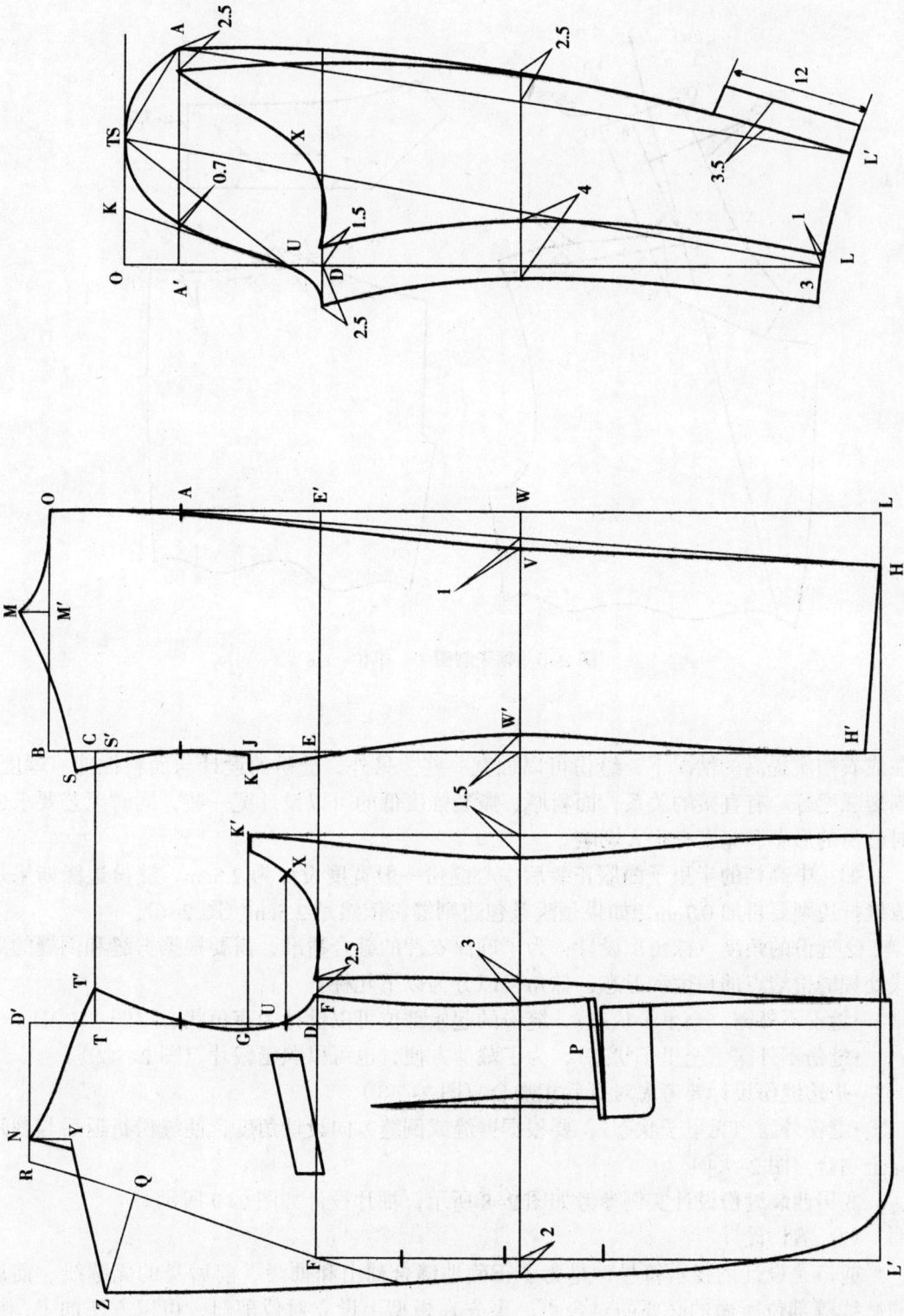

图 2-4　衣身、袖子结构制图　　单位：cm

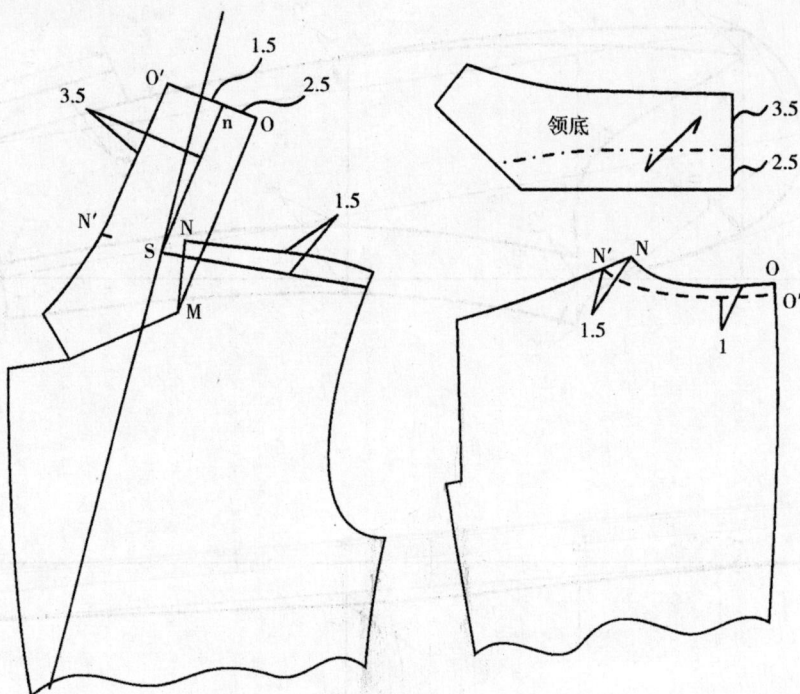

图 2-5 领子制图   单位：cm

在成衣档次提高的情况下，缝份可以加宽一些。另外，缝份的设计与面料性能（厚度、撕裂强度等）有直接的关系，面料厚、撕裂强度低的可以设计宽一些，同时工艺要求也对缝份的形态和宽度有很大影响。

如：中高档的半里子西服正装后中心缝份一般宽度设计为 2.5cm，缝份边缘如果是撩缝扦边则要再加 0.7cm，如果是滚条包边则缝份依然是 2.5cm（图 2-6）。

②缝份的角度（抹角）设计：为了确保衣片的缝合精准，需要根据劈缝和倒缝的形式处理缝份端点的角度和形态，抹角可以分为以下几种：

·缝份不外露（全里子状态），缝份的起始部位可以设计为直角状态（图 2-7①）。

·缝份不外露（全里子状态），为了裁剪方便，也可以顺延裁片（图 2-7②）。

·折边缝份设计要考虑对折后相吻合（图 2-7③）。

·缝份外露（无里子状态），要根据劈缝或倒缝方向设计角度，使缝份折返后与裁片完全吻合（图 2-7④）。

③男西装缝份设计实例参考如图 2-8 所示，袖片设计如图 2-9 所示。

（2）剪口设计

剪口是设计的指示符号，是为了正确地缝合袖山和袖窿、前后身的侧缝线、前后的肩线等部位所做的必要的对合点。事先在板型上设立对位剪口，可以方便加工，提高缝制效率。剪口的种类和使用方法包括直剪口法、三角剪口法、画线法（针织面料）

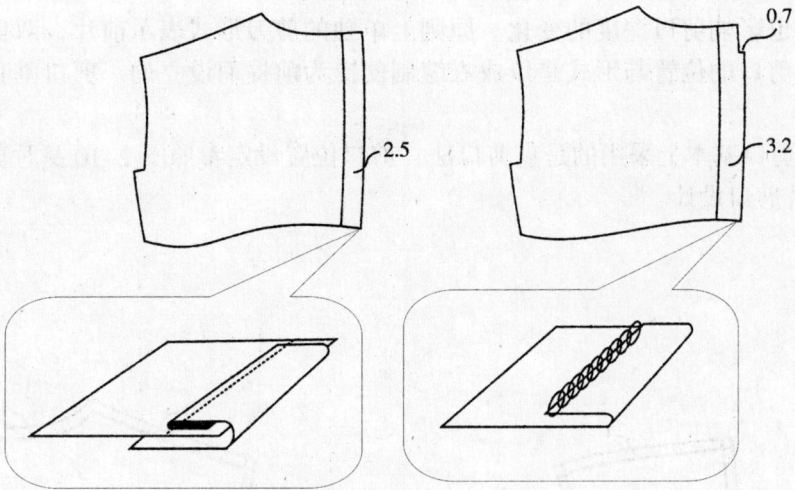

图 2-6　缝份的宽度设计　　单位：cm

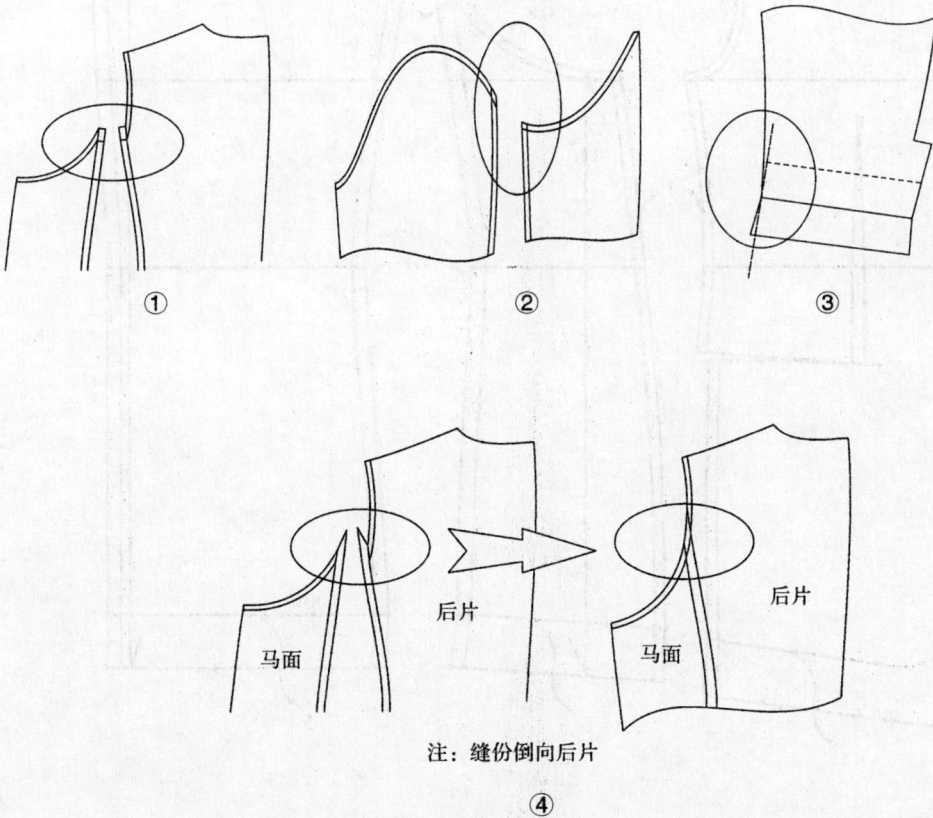

① ② ③

马面 后片 后片 马面

注：缝份倒向后片

④

图 2-7　缝份的角度设计

三种方法，剪刀是对应结构线打直角剪口，剪口的深度一般在 0.3~0.5cm 之间，但是缝份的宽度也影响剪口深度的变化。原则上单独的剪刀形式表示前片，双剪刀的形式表示后片，剪口的位置与形式是以成衣缝制便捷为前提而设立的。剪口垂直于结构对应的线。

男西装剪口基本上采用的是直剪口法，剪口位置设定参照图 2-10 身片剪口设计和图 2-11 袖片剪口设计。

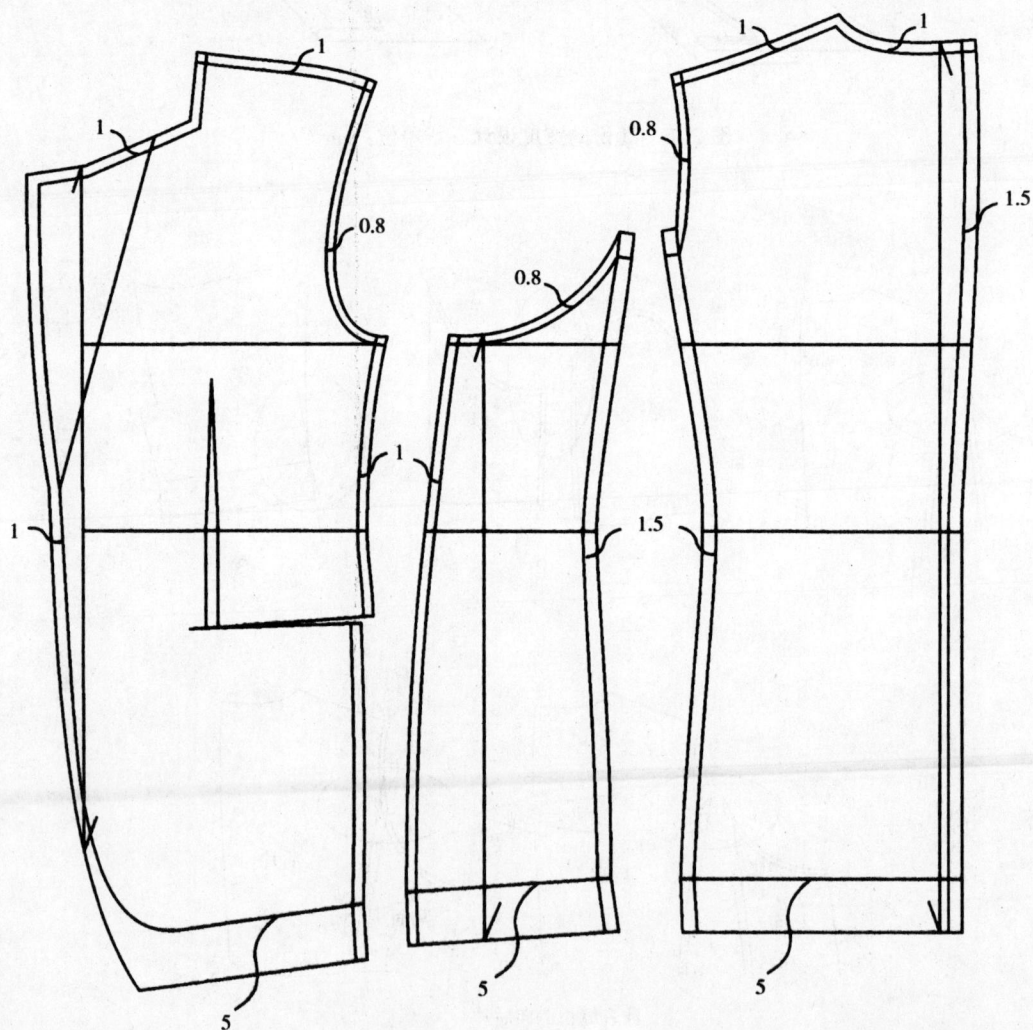

图 2-8　全里子西服身片缝份设计　　单位：cm

0.8

1

0.8

1

1

1

5

5

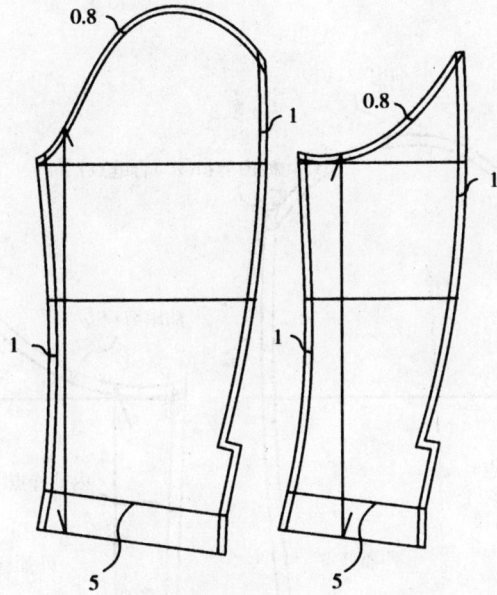

图 2-9　袖片缝份设计　　单位：cm

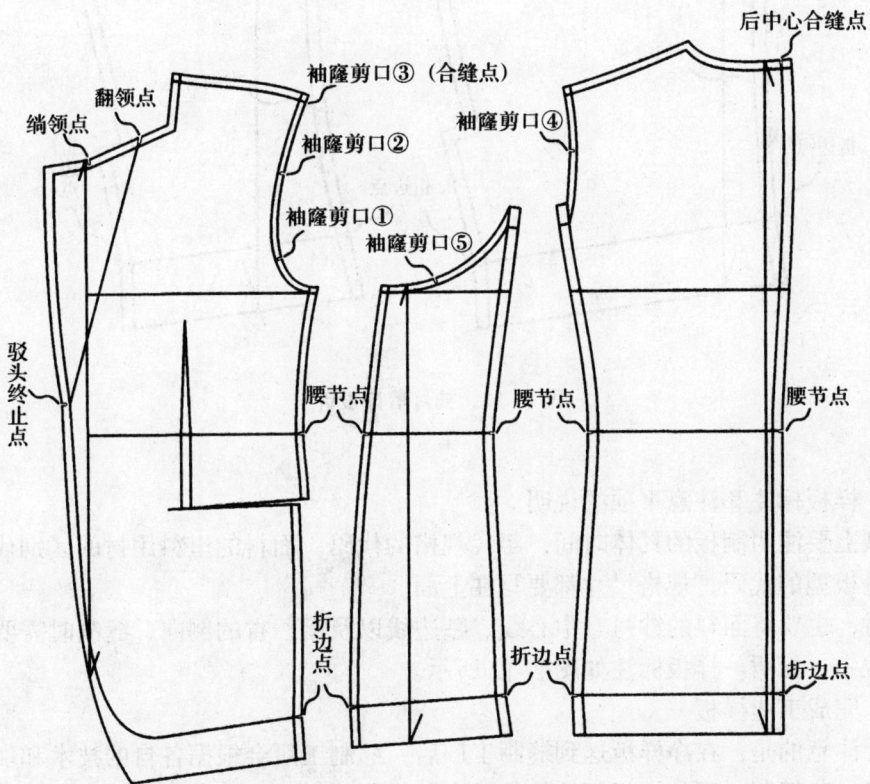

后中心合缝点

袖隆剪口③（合缝点）

绱领点

翻领点

袖隆剪口④

袖隆剪口②

袖隆剪口①

袖隆剪口⑤

驳头终止点

腰节点

腰节点

腰节点

折边点

折边点

折边点

图 2-10　身片剪口设计

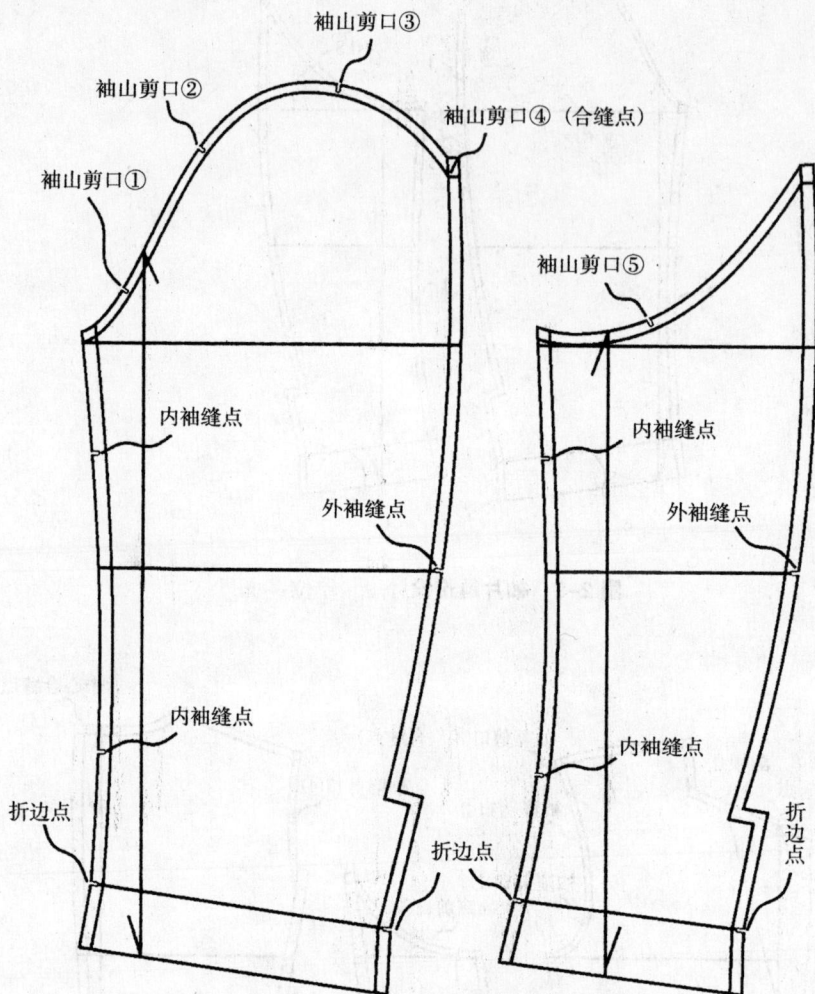

图 2-11 袖片剪口设计

（3）样板标注和注意事项的说明

板型上要注明制板的具体时间，年代规格的代码，面料的里料用衬的区别代码，各板的数量板型的代码，规格尺寸都要写在上面。

同时，也要将面料的纱衬、中心线、贴边线以及褶、省的倒向、缝制时需要归拢和拉伸部位一一标明。样板标注如图 2-12 所示。

（4）完成工业样板

需要注意的是，在净样板送到缝制工厂后，缝制工厂会根据各自的技术和加工成本稍加修正。各缝制工厂的样板师的技术是有差异的，但是要将板型最基本的要求指数告诉工厂，以此来指导缝制工厂的板型修正。

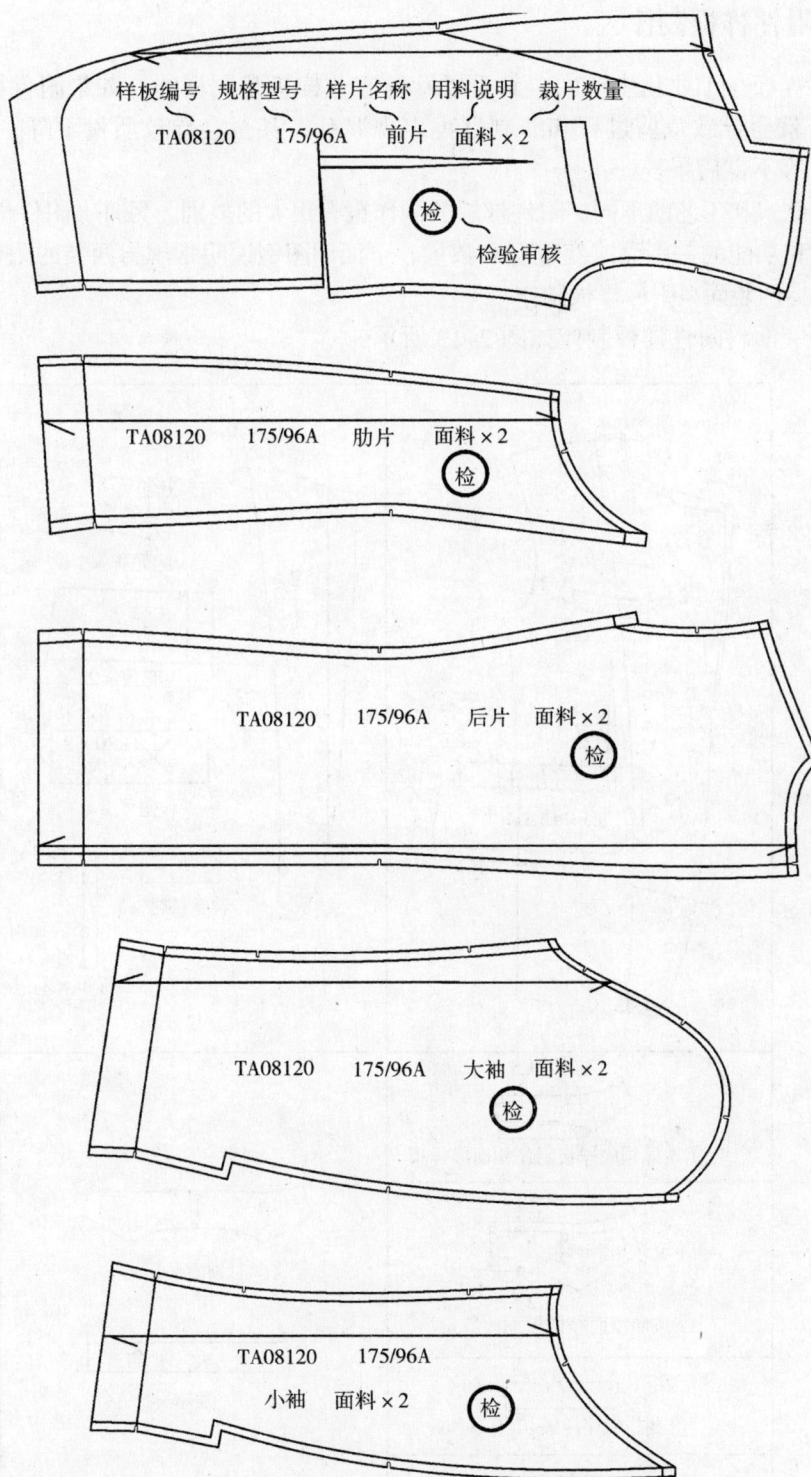

样板编号　规格型号　样片名称　用料说明　裁片数量

TA08120　　175/96A　　前片　　面料×2

检

检验审核

TA08120　　175/96A　　肋片　　面料×2

检

TA08120　　175/96A　　后片　　面料×2

检

TA08120　　175/96A　　大袖　面料×2

检

TA08120　　175/96A

小袖　面料×2

检

图 2-12　样板标注

3. 附件样板制作

附件样板在工业化生产中，其重要性与工业样板是同样的。如果附件样板不准确、不齐全，就会导致裁剪过程和缝制过程出现混乱，甚至会导致质量下降、产生大量次品、废品等不良后果。

根据款式和工艺的不同，附件样板的制作也有很大的差别。另外，附件样板也会随着辅料特性和功能的差别而改变造型和数量，下面用图例说明常规男西装的附件样板制作。

（1）男西装面料附件样板制作

男西装面料附件样板制作如图 2-13 所示。

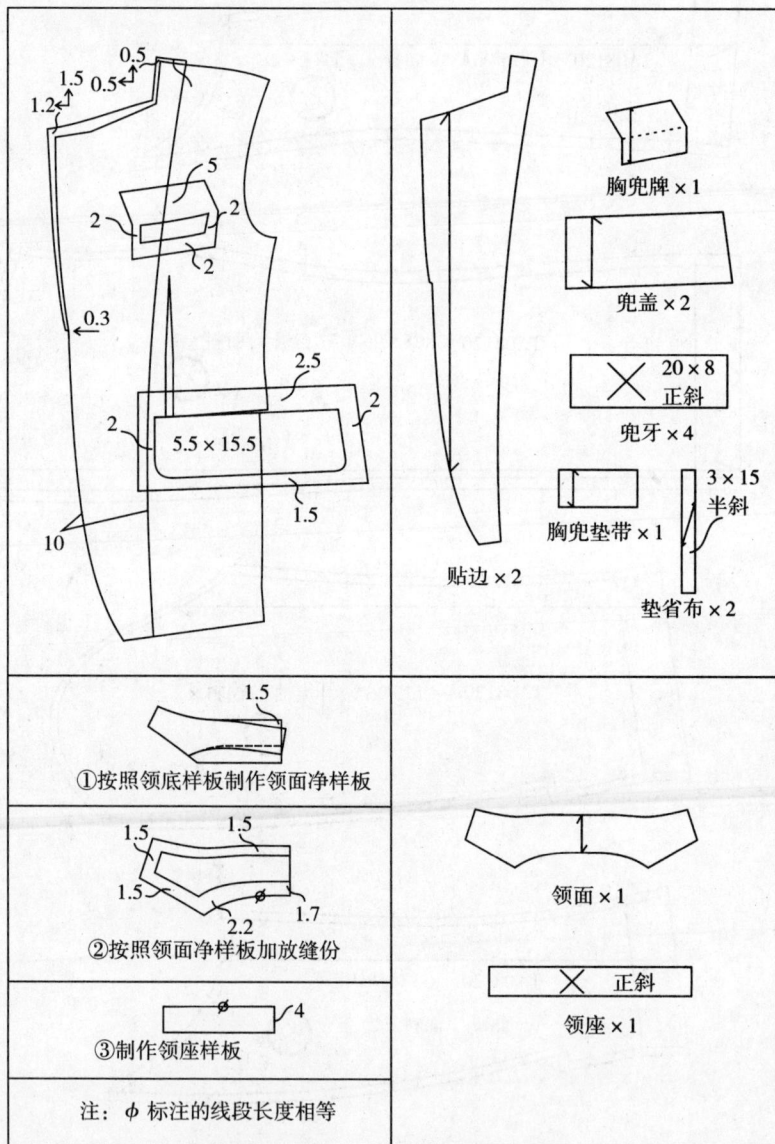

图 2-13　附件样板——面料附件　单位：cm

（2）男西装里料附件样板制作

男西装里料附件样板制作如图 2-14 所示。

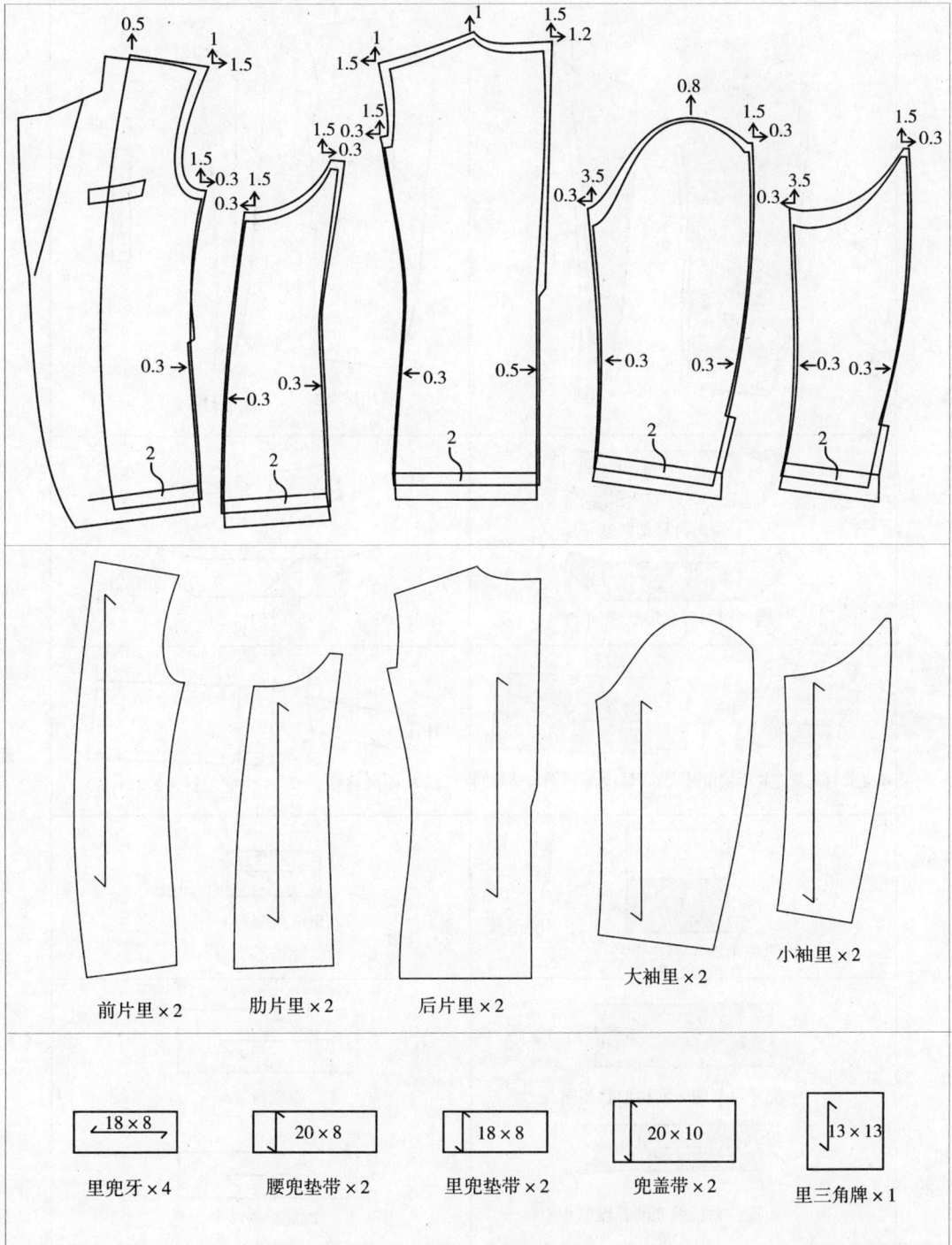

前片里×2   肋片里×2   后片里×2   大袖里×2   小袖里×2

里兜牙×4   腰兜垫带×2   里兜垫带×2   兜盖带×2   里三角牌×1

图2-14 附件样板——里料附件   单位：cm

（3）男西装衬布附件样板制作

男西装衬布附件样板制作如图 2-15 所示。

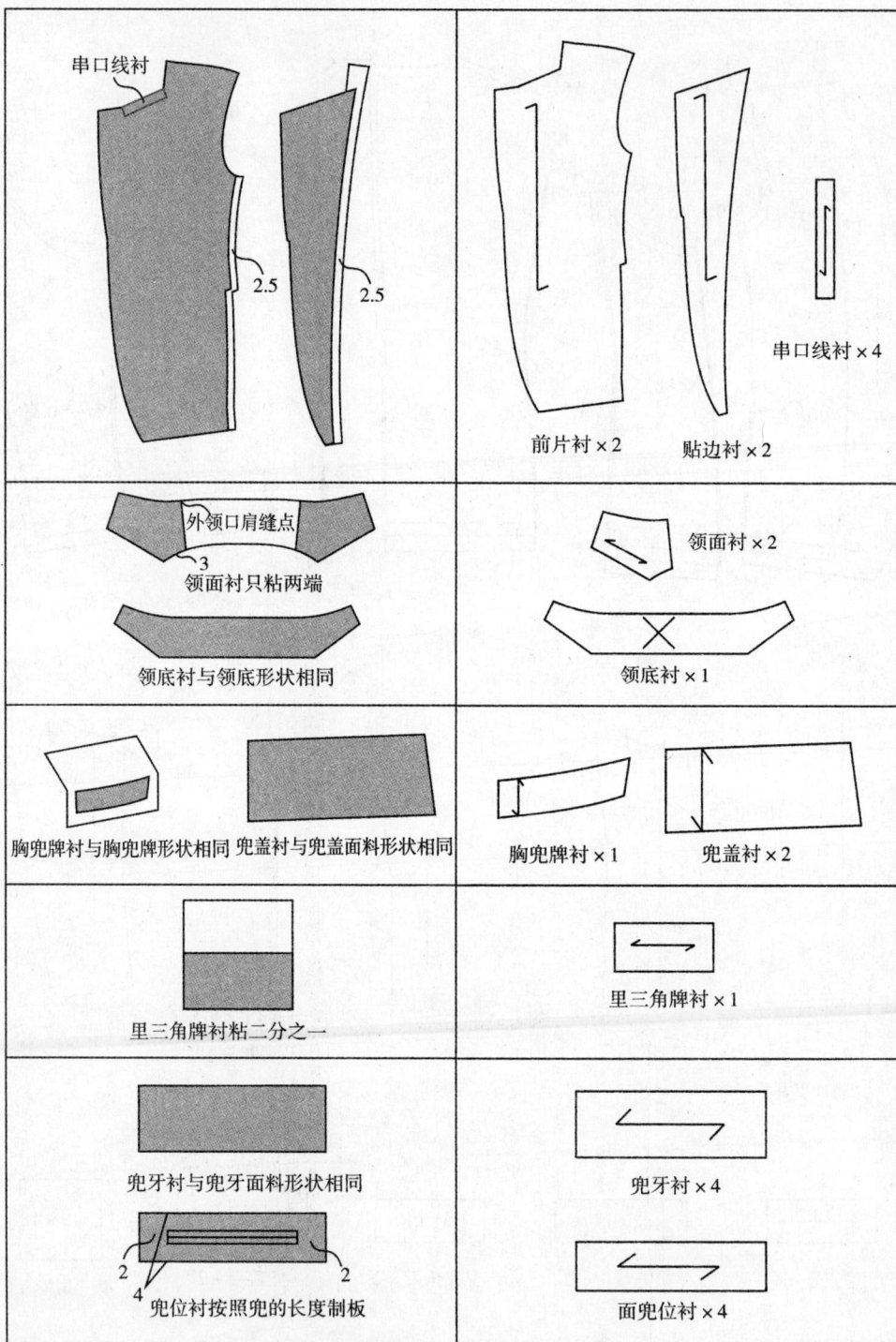

图 2-15 附件样板——衬布附件 单位：cm

（4）男西装兜布附件样板制作

男西装兜布附件样板制作如图 2-16 所示。

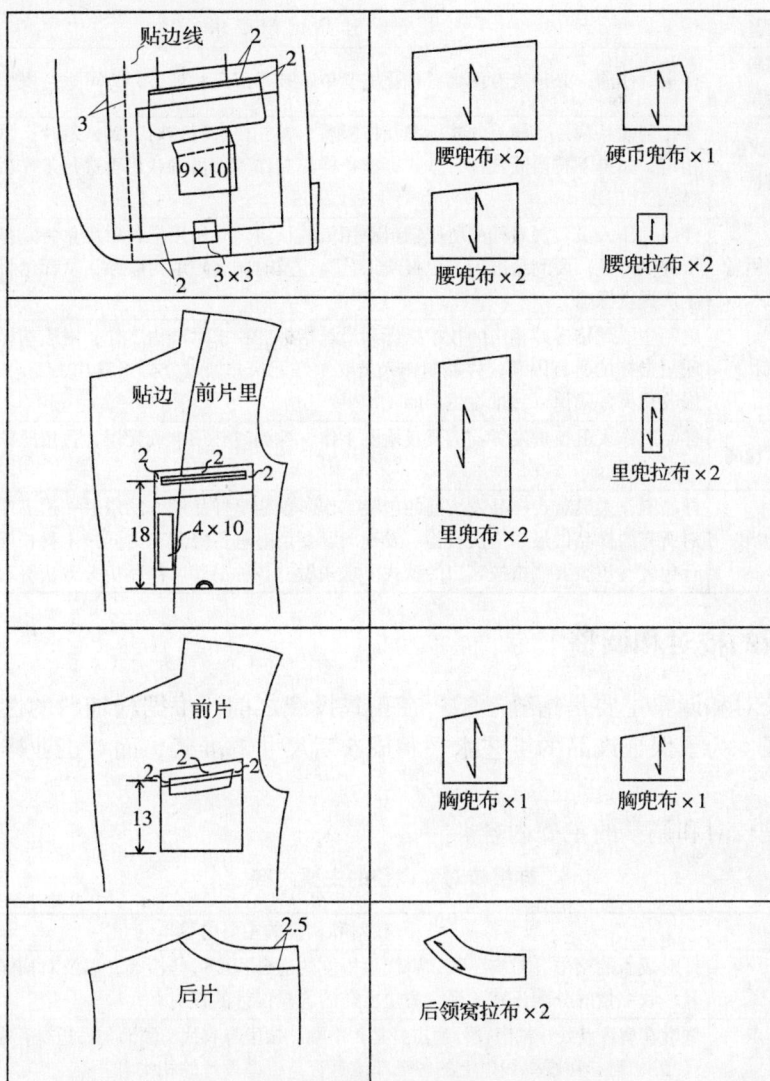

图 2-16 附件样板——兜布附件 单位：cm

4. 样品的试制

样品的试制，是样品技术人员所从事的确认样品和开发样品的缝制工作。确认样品，是达成意向后客户所做的批量生产先行确认样；开发样品是没有达成意向客户根据市场近期和未来的需求所研制开发的新产品。前者样品缝制的质量好与坏，将直接影响已达成的意向合同是否能真正履行；后者将对企业未来的发展产生一定的影响（即企业未来订单的落实情况）。

因此工业用样板完成后，技术部门要首先试制一件样品。对样品要看其造型，检验其规格尺寸，达到符合合同规定要求后，方可确认样板。

样品试制的程序及要求如表 2-4。

表 2-4 　　　　　　　　　　　　**样品试制的程序及要求**

	样品试制程序	样品试制要求
1	查看面辅料理化实验单	样板制作前，必须查看面辅料理化实验单，技术部门验证后，方可进行操作
2	核对裁片、款式、样板材料	在接到样品裁片、样品款式标准及样板后，首先要进行核对，确认裁片、款式、样板是否相符，如果不符要同裁片、款式标准、样板制作等人员确认后再进行工作，并做好问题点（修正）记录
3	核对辅料单用量	样品制作人员负责对样品所用辅料单用量的核对，对所用辅料单用量特别是超用部分（客户提供不足）要测量准确，上报给工艺员，及时同客户取得联系，从而给批量生产的正常生产提供保障
4	样品缝制	缝制中要严格遵照客户的技术指标和质量指标的要求水准去工作；对影响样品技术指标和质量指标的所有因素，样品制作人员要做好记录并加以分析（裁片、工艺、样板），提出修改意见，确保以后批量生产的正常生产
5	样品的质量检测	样品制作人员负责发货前的质量检测工作，检测时必须准确无误，再按照款式要求准确填写尺寸表
6	发货前的包装	样品制作人员负责样品发货前的包装工作。包装是样品制作的最后一道工序，在包装前要对所有的样品做最后一次自检，发现问题要及时进行修理，并同技术科长确认无误后再进行包装。包装要严格按客户的款式要求去做（各种吊牌、产品折叠方法等），不准漏项

5. 样板的校对和调整

样板的校对和调整主要是指缝制工厂在正式投产之前，根据面辅料的性能和本工厂流水线的特征，为了保证产品的工艺水平和成衣后尺寸的准确，而对工业样板进行的校对和调整。

表 2-5 是校对和调整的主要内容。

表 2-5 　　　　　　　　　　　　**样板校对和调整的主要内容**

	项目	校对和调整的主要内容
1	放松度的检查	针对成衣的型号，对胸、腰、臀围放松度的适合程度进行检查，以及对袖隆与袖山的收缩量、收缩量的分配比率关系、肩垫所需的容量设计的核对
2	各个缝合点的核对	领窝在肩颈点处，袖隆在外肩点处是否平顺，领里与衣片、领面与贴边是否吻合（各部位的尺寸），衬衫在腰围线以上的各个部位是否与板型设计的相吻合
3	对合点的校对	对合点各尺寸之间缝份是否一致，前后对合点标志符号是否正确（即前单后双）
4	细节的核对	全部板型的名称、完成时间（年、月、日）、各种记号、对合点、部件板型的编号、规格尺寸及面料纱向的标识等

为了保证样板制作的质量，企业在管理上可以根据自身特点制定详细的样板制作工艺标准。下面是某西装加工企业制定的西装样板制作工艺标准。

例：西装样板制作工作标准

1. 首先确认样板与式样书是否一致。确认事项：

（1）单排、双排扣。

（2）止口几粒扣：单排分 2 粒扣、3 粒扣；双排分 4 粒扣、6 粒扣。

（3）胸兜式样：贴兜、挖兜。

(4) 腰兜式样：贴兜、挖兜。

(5) 开衩式样：侧开衩、后开衩、无开衩。

(6) 袖开衩式样：活开衩、装饰直开衩、装饰三角开衩。

2. 测量规格尺寸及工艺标准上所有标注的尺寸是否和样板一致，如有不一致的需填好表格，并同技术部门或客户确认。需确认的尺寸有胸围、腰围、肩宽、衣长、袖长、扣间距、驳头宽、袖口、开衩长（后开衩、侧开衩）、背宽、胸兜尺寸、腰兜口长、兜盖宽。

3. 根据面料的不同与试验的结果，适当地调整样板的尺寸。

4. 在确认过程中，如果发现样板尺寸与工艺标准尺寸不相符，应做好记录并且要跟技术部门或客户取得联系，经确认后才能进行修改工作。

5. 里式样的确认。在面料样板制作核对准确后，在面料样板的基础上制作里料样板。首先确认式样：

(1) 贴边式样：大贴边、半里、全里。

(2) 台场式样：有无台场、台场的形状和大小。

(3) 里兜尺寸：里兜的兜长、兜深（笔兜、手机兜、烟兜、名片兜）。

6. 粘衬部位的确认：哪些部位粘衬，粘衬的形状、大小、纱向如何处理。

粘衬部位有：前片、贴边、底摆、后肩、袖山、袖窿、兜位、兜牌、前领口、领子。

7. 兜布的确认：所有兜布的规格按照客供式样书要求的尺寸来做。

8. 领子的确认：

(1) 领子的形状。

(2) 翻领与领座的宽度。

(3) 领台与领角的比例。

如果式样书有要求，按式样书工作。

9. 检查样板拼合后的弧线是否圆顺，如：

(1) 前袖窿与肋片。

(2) 肋片与后片。

(3) 前肩和后肩。

(4) 肩缝是否顺直，大小袖窿内外弧线是否圆顺。

10. 检查样板合缝是否等长，余度是否合理。核对部位同上。

11. 检查样板折边是否对齐，剪口是否对应。核对部位同上。

12. 样板名称是否与工艺标准一致。

13. 样板的类别、样板的数量、纱向是否正确等。

以上程序确认无误后，加盖检印方能生产使用。

五、推板和排板

1. 推板

所谓推板，是在工业板型的基础上，根据不同号型的体型尺寸的变化规律，得出适合各型号的档差，并依据档差在适当的部位进行扩大和缩小尺寸，做成全部需要尺寸的系列样板，使得不同形体尺寸的人可以选购同一款式服装。

推板并非是指全部板型像扩大复印那样用相同的比率变化，而是根据身体各部变化程度的不同，以人体的构造和标准的尺寸进行变化的。必须以立体的衣服构成知识为基础，同时精通推板的理论，才能正确地进行尺寸展开。

因为从测试板型到工业板型全部是用中心尺寸的号码完成的，所以全部的尺寸必须进行推板展开。

推板的程序及要求见表2-6。

表 2-6　　　　　　　　　　　　　　推板的程序及要求

	程序	要　　求
1	确定系列号型	首先依据成衣投放市场的需要，确定需要推板的系列号型
2	确定档差	根据款式特点和人体体型变化规律，决定推板的各档号型之间的档差。长和宽度以外的间距差，必须依照身体的厚度与体型分配间距差
3	推板	决定推板的原点 (展开的时候成为中心不动的点)，根据档差完成推板
4	检查板型	调出各尺寸的板型，逐一检查板型，并做好各型号样板的标记
5	做标记	做好各种记号、对合点、部件板型的编号、规格尺寸、面料纱向的标识等，并写好全部板型的名称和完成时间 (年、月、日)
6	复查盖检印	样板制作完成后，必须经过复查。复查人员签字认可后，方可发放使用，所发放的样板，要在四周加盖检印，样板四周无加盖印一律无效
7	回收纸型	每批款号加工完毕后，技术部门要指定专人按规定程序回收纸型，以免车间样板款式混乱

例：男西服上衣主要样板推板实例

号型：5.4 系列 175/96A

男西装各部位档差数可参考表 2-7。

表 2-7　　　　　　　　　　男西装各部位档差数表 (参考)　　　　　　　　　单位：cm

档差数 部位	尺码差数	跳档数
领围	1	0.3
袖窿深	0.5	前片、后片、大袖 0.5
肩宽	1.5	0.75
胸围、腰围、臀围	4	0.75
袖肥	1.5	大袖 0.8、小袖 0.7
衣长	2	胸围以上 0.5，胸围以下 1.5
袖长	1.5	袖窿以上 0.5，袖窿以下 1.0

用服装 CAD 进行推板，是在掌握了用手进行推板的方法和原则之后，将档差输入计算机，由程序自动生成的 (图 2-17)。这样，可以极大地简化人工操作步骤，提高制图的速度和精确度，便于样板的管理。

X: 0.7
Y: 0.3

X: 0.7
Y: 1.0

X: 0.7
Y: 1.0

X: 0.8
Y: 0.3

X: 0.8
Y: 1.0

X: 0.8
Y: 1.0

X: 0
Y: 0

X: 0
Y: 1.0

X: 0.4
Y: 0.5

X: 0
Y: 0

X: 0
Y: 1.0

X: 0
Y: 0.5

X: 0.3
Y: 0.5

X: 0
Y: 1.5

X: 0.75
Y: 0.5

X: 0.75
Y: 0.3

X: 0.75
Y: 0.7

X: 0.75
Y: 1.5

X: 0.5
Y: 0.7

X: 0.3
Y: 0.5

X: 0
Y: 0

X: 0.5
Y: 1.5

X: 0.75
Y: 0.5

X: 0.75
Y: 0.7

X: 0.7

X: 0
Y: 0.7

X: 0.75
Y: 0.7

X: 0
Y: 1.5

X: 0.75
Y: 1.5

X: 0.3
Y: 0.5

X: 0.3
Y: 0.3

X: 0.3
Y: 0

X: 0.3
Y: 0.7

X: 0.3
Y: 0.7

X: 0.3
Y: 0.3

X: 0.3
Y: 0.3

X: 0
Y: 0.3

X: 0
Y: 0.7

X: 0
Y: 1.5

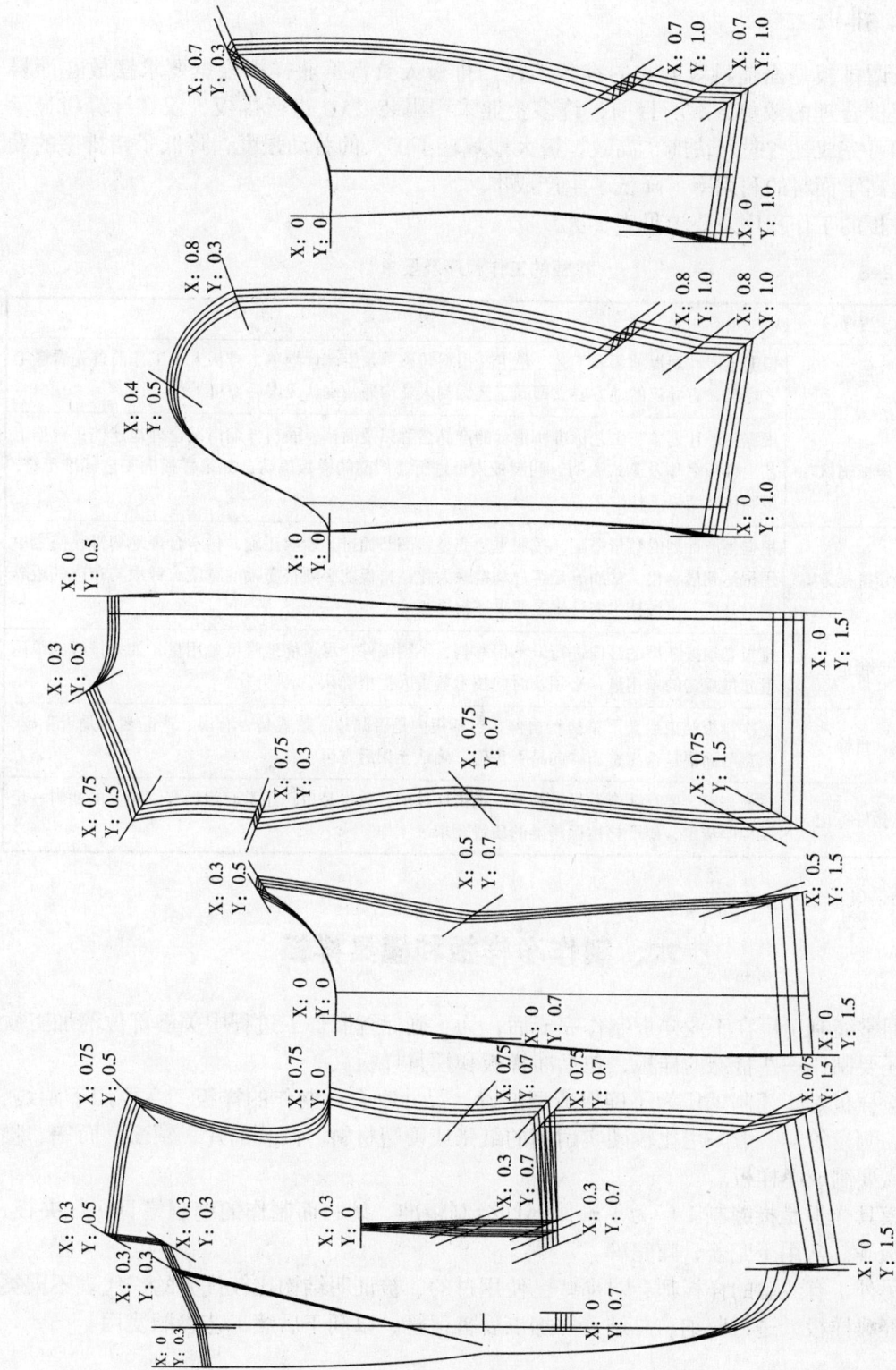

图 2-17　推板图例　　单位：cm

2. 排板

所谓排板是面辅料裁剪前的准备工作，排板人员将工业样板根据要求摆放在面料上，提供合理的裁剪方案。目前，许多企业采用服装 CAD 进行排板，仅在计算机显示屏上即可完成，省时、快捷、高效，极大地减轻了工人的劳动强度，降低了错排率的发生，提高了面料的利用率，降低了生产成本。

排板的工作程序及要求见表 2-8。

表 2-8　　　　　　　　　　　　　　排板的工作程序及要求

	程序	要　　求
1	领单	根据生产计划提前领取工艺、色卡、报料转移单及生产计划单，排板人员工作前首先看懂工艺标准，有异议的地方要立即同工艺编制人员沟通，确认无误后方可工作
2	样板确认	根据生产计划单、工艺标准所指示的产品名称以及面幅、面料伸缩情况合理地建档；根据工艺上样板名称及款式说明，同制板人员进行建档前的样板确认，如果样板同工艺标准不符，按确认后结果工作
3	确定排板方案	根据生产计划的数量搭配，按照平边齐整、凹凸插排、纱向正确，科学合理地套排，使之单用量达到最小化，从而满足客户利益最大化；排板前必须将布幅的宽度、针眼与布边的距离测量好后，再按技术文件规定要求进行排板
4	排板	排板必须按纸型的纱向进行，不得移斜，不得漏件，尽可能地降低单用量，如果排板的单用量超过规定的单用量，必须及时向技术负责人汇报确认
5	自检	每次排板结束后要严格执行自检，包括板内是否漏片、款式是否有误、产品名称是否正确、板宽与面幅是否相符、纱向是否正确，确认无误后方可
6	做好标记	排板完后，要写明合约号、款式，板内所取的件数量是单跑还是双跑，有倒顺毛的面料一定要标明清楚，要严格按照产品的质量要求去工作

六、制作净样板和模具样板

通常缝制工厂在工业样板制作完成后，为了确保缝制加工过程中关键部位的加工质量，还要制作一些特殊的样板，包括净样板和模具样板。

净样板是指缝制工厂为了确保造型准确、尺寸吻合而制作的样板，主要用于画线、定位、测量等，一般采用比较硬实耐用的纸张或硬塑材料。西装前片、领面、面兜、腰兜都需要制成净样板。

模具样板是指缝制工厂为了确保部件缝制精准、统一而制作的缝制模具，如夹板、砂纸板等。常用于兜盖、胸兜牌。

另外，有经验的样板师会对那些已使用过的、被证明结构比较优秀的、代表不同类型的经典样板，进行归纳、总结，并加以妥善保管，以利于后续工艺参照使用。

第三章
缝制技术工艺标准的制定

　　服装生产缝制技术工艺标准是指服装生产企业依据客户的质量要求为其制作产品而制定的技术工艺标准文字资料。

　　缝制技术工艺标准是各生产部门实施工作的依据，也是质量监测的依据，是服装技术管理中十分重要的环节。技术工艺标准编制的质量如何，从一个侧面反映了一个工厂的技术管理水平和产品质量的好坏。所以缝制技术工艺标准的编制应严格准确地遵循客户及产品的质量要求去制定。

一、缝制技术工艺标准编制的原则

　　首先，编制工艺标准必须规范化，要标明标准的编号、款号、产品名称、样板者、样品者、工艺审核者、批准者等。

　　其次，要准确地编写产品工艺，使工艺贯穿生产全过程和包装方法。工艺标准必须达到"三个一致"，即客户首件鉴定样品、首件批量生产确认产品与技术工艺标准的一致。对客户修改的款式要求必须及时纳入工艺标准之中，并立即通知相关部门，对修改的工艺标准要加盖印章更正。

　　最后，对失误的工艺标准要及时地修改并及时地纳入工艺标准中，并要加盖印章更正。

二、缝制技术工艺标准编制的工作流程

　　缝制技术工艺标准编制的工作流程包括订单用规格表、生产通知书、工艺指示书编制三大部分内容。其中订单用规格表包括报价用规格表、样品规格表、批量生产规格表；工艺指示书编制包括封面、产品外观图及款式说明、产品解剖图、规格尺寸表、样板制作要求、面辅料搭配表、裁剪要求、缝制要求、整熨要求、包装要求、质检标准、客户确认意见等内容，如图 3-1 所示。

三、缝制技术工艺标准的内容

1. 制定工艺标准的依据

（1）订单规格表

服装在制作前要先填写好订单规格表，如表 3-1 所示。根据加工企业生产任务的不

```
                          ┌──────────────┐
                    ┌────▶│  报价用规格表  │
                    │     └──────────────┘
    ┌──────────┐    │
    │ 订单用规格表 │◀──┤
    └──────────┘    │     ┌──────────────┐
         │          ├────▶│   样品规格表   │
         ▼          │     └──────────────┘
    ┌──────────┐    │
    │  生产通知书  │    │     ┌──────────────┐
    └──────────┘    └────▶│  批量生产规格表  │
         │                └──────────────┘
         ▼
    ┌──────────┐
    │ 工艺指示书编制 │
    └──────────┘
         │
         ├────▶┌──────────────┐
         │     │    封  面     │
         │     └──────────────┘
         │
         ├────▶┌──────────────┐
         │     │  产品外观图    │
         │     │  及款式说明    │
         │     └──────────────┘
         │
         ├────▶┌──────────────┐
         │     │   产品解剖图   │
         │     └──────────────┘
         │
         ├────▶┌──────────────┐
         │     │   规格尺寸表   │
         │     └──────────────┘
         │
         ├────▶┌──────────────┐
         │     │   样板制作要求  │
         │     └──────────────┘
         │
         ├────▶┌──────────────┐
         │     │   数量搭配表   │
         │     └──────────────┘
         │
         ├────▶┌──────────────┐
         │     │  面辅料搭配表   │
         │     └──────────────┘
         │
         ├────▶┌──────────────┐
         │     │   颜色搭配表   │
         │     └──────────────┘
         │
         ├────▶┌──────────────┐
         │     │  面辅料明细表   │
         │     └──────────────┘
         │
         ├────▶┌──────────────┐
         │     │   裁剪要求    │
         │     └──────────────┘
         │
         ├────▶┌──────────────┐
         │     │   缝制要求    │
         │     └──────────────┘
         │
         ├────▶┌──────────────┐
         │     │   整烫要求    │
         │     └──────────────┘
         │
         ├────▶┌──────────────┐
         │     │   包装要求    │
         │     └──────────────┘
         │
         ├────▶┌──────────────┐
         │     │   质检标准    │
         │     └──────────────┘
         │
         └────▶┌──────────────┐
               │   客户确认意见  │
               └──────────────┘
```

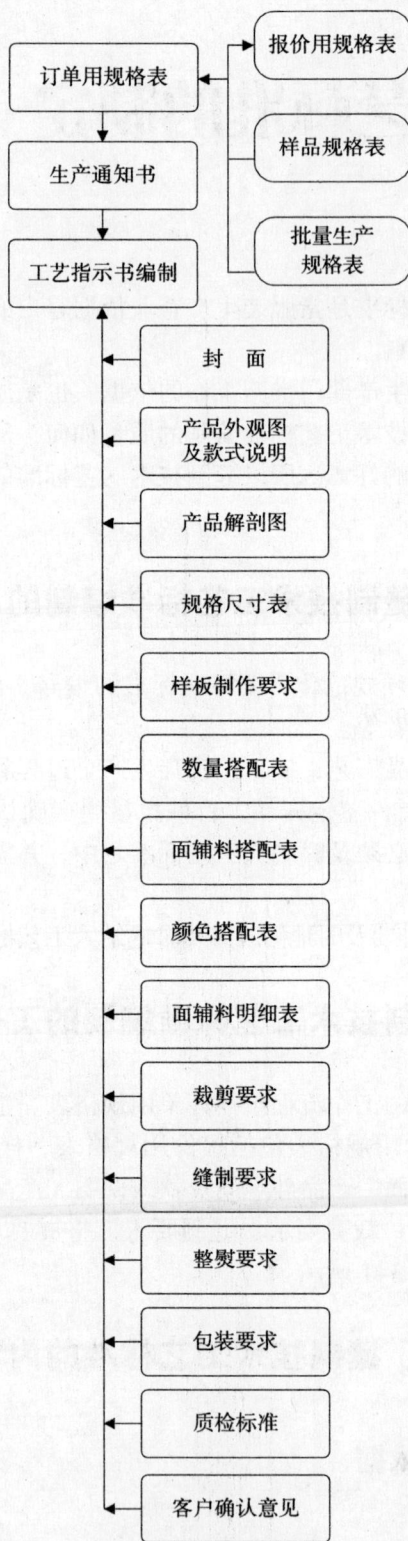

图 3-1　缝制技术工艺标准编制的工作流程图

同，订单规格表可分为以下几种类别：

表 3—1 　　　　　　　　　　外销订货单 　　　　　　　年 月 日

合约号			国 别		签约方				
品 名	款 号	单 位	成交数		交货数量和日期				
					月 日		月 日		月 日
					件		件		件
单 价　　　　元		总 值		元	付款方式				

颜　色　＼　规　格	A	P	S	M	L	XL	XXL	合计
B								
C								
D								

包 装 要 求	辅 料 要 求	备 注

要货单位		生产工厂	

要货单位签章：　　　经办人：　　　　　供货单位签章：　　　经办人：

①报价用规格表：此规格表主要用于两种情况，一种为本企业品牌生产加工时，设计师看款式效果及生产的用料计算。一般情况下用同类布料打样，允许辅料代用。

另一种是接受订单加工，此规格表仅仅是供报价用，以便争取得到真正的订单，在运用这个表格时应注意每个项目的内容与规格，因为这些内容与规格往往同成本直接相关联，任何有利于降低成本而又不改变原有服装的基本要求的方法和建议都可以采纳。所有在此规格表中变化的内容，都必须做出注释，以便下一步工作开展的时候前后对应。

②样品规格表：此规格表主要用于缝制样衣。制作前，根据提供的款式样和样品规格表中具体要求逐项进行操作，检查样品的织物组织、结构规格、测量所有的尺寸，确信各个点的尺寸在允许误差范围内。把款式样图和规格表给相关的技术人员，审查各疑点难点，以便全面了解样衣的情况。原则上用正式主料和辅料。

③批量生产规格表（订货单）：此规格表主要是样品被客户认可后客户才提供的表格。只有这个产品规格表才是供工厂批量生产用。如果用以前的规格表代替，经常会出现差错，因为经过打样后，客户常更改原有的尺寸，而这个尺寸的更改又往往是不起眼的，在大批生产经营之前，还需打一次样，叫做产前样，在制作这个样衣中，所有的主料和

辅料都必须用以后生产中需要用的料。表 3-2 是根据生产通知书所下发的生产领料单。

表 3-2 生产领料单

通知日期 年 月 日 编号_____

合约			客户	交货期 月 日		生产 组			辅助料
品号			品名			生产数量			
面料	里料	色号		规格及数量				交货期	
									包装要求
备注									

制单： 核准：

（2）生产通知书

生产通知书又称为生产通知单，根据客户的批量生产规格表（订货单），由计划部门制定生产通知书，并送交生产部门。生产部门则根据生产通知书安排生产任务。生产通知书的格式由生产企业自己拟定，内容一般包括：品名、数量、品号、规格、原料名称、使用、包装要求、交货日期等（图 3-2）。

2. 生产工艺指示书的编制

生产工艺指示书是服装加工中的指导性文件，技术部门依据计划部门下发的生产通知单（图 3-2），制定出详尽的生产工艺标准文件，对服装的规格、缝制、整烫、包装等都提出了详细的要求，对服装辅料搭配、缝迹密度等细节问题也加以明确。

服装加工中的各道工序都应严格参照缝制工艺标准的要求进行。

品牌名		款号	品牌 套服 6R						4R						合同号 ××××	投货期 年 月 日			交货期 年 月 日			数量 上衣×××件,裤子×××条	合计
			46	48	50	52	54	56	48	50	52	54	56	58									
上衣	面料及编号																						
	1 11067 蓝细条	21322-2																					
	2 2061/102 咖条	21322-0		5	15	15	10		5	10	15	15	10	15	5								
	3 2068/202 灰条	21322-2	8	10	12	10	6	8	20	15	15	6	10										
	4 5893/1 灰条	21322-0	20	30	35	30	20	20	30	30	35	20	20	10									
	5 2088/202 蓝条	21322-2	15	30	35	25	15	10	30	30	35	15	25	10									
			6	10	10	8			10	10	10												
裤子	面料及编号	款号	78	80	82	84	86	88	90	92	94	96	98	100									合计
	1 11067 蓝细条	01-1	4	4	4	12	8	8	15	6	8	8	3	3									102	104
	2 2088/202 蓝条	01-1	3	4	3	5	5	8	6	6	8	3	3	2	W								2	

工艺要求

(1) 21322-2

品质表示　　　　　　　　　　　用料

面料成分:
11067　　　96%羊毛 4%涤纶　　277.9
2061/102　100%羊毛　　　　　175
2068/202　100%羊毛　　　　　507.5
5893/1　　100%羊毛　　　　　455
2088/202　90%羊毛 10%桑蚕丝　168.6

里料成分:100%涤纶

(2) 编号11067（上衣、裤子）21322-0- 三贴袋
面料 11067
纯涤木黑黑
领底尼1号灰
扣 E6212
线 E6212

(3) 编号2061/102（上衣）21322-2- 双贴上无袋
面料 2061/102
纯涤条18号黑
领底尼2号灰
线 E8931
线 E8931

(4) 编号2068/202（上衣）21322-0- 双贴+手
面料 2068/202
纯涤条234号黑
领底尼3号灰
线 E9905
线 E835

(5) 编号5893/1（上衣）21322-2- 双贴+手
面料 5893/1
纯涤条234号黑
领底尼3号灰
线 E9905
扣 E6212

01-1
编号2088/202（上衣、裤子）
面料 2088/202
纯涤木黑黑
领底尼1号灰
线 E6212

MODASOFT

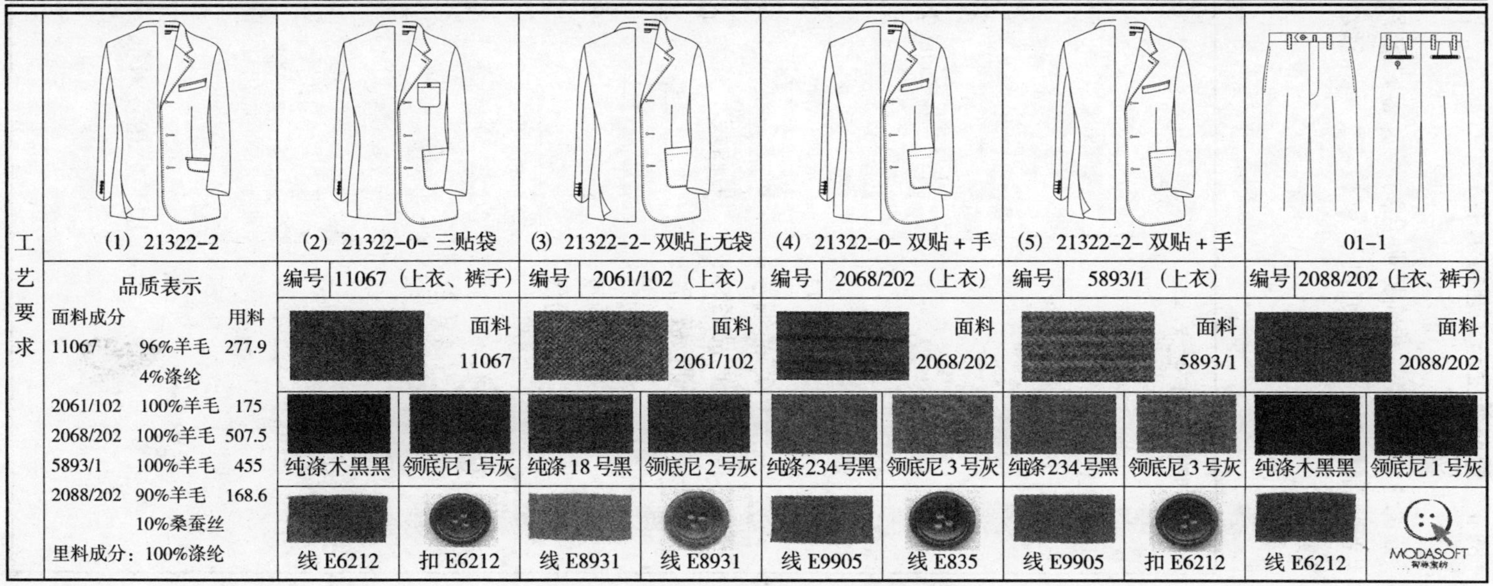

图3-2 某加工企业男西装生产通知单

下面以男西装为例详细说明。

例1　男西装生产工艺指示书

（1）封面设计

如图3-3所示，准确标明合约号、客户名称、产品编号、产品名称、样板编号、设计者、制板者、工艺编制、审核者、保密级别、保管期限、单位名称、年、月、日等。

××服装生产厂技术档案

编号：××××

序号：××××

生产工艺指示书

合　约　号：＿＿＿＿＿＿　　客户名称：＿＿＿＿＿＿

产品编号：＿＿＿＿＿＿　　设　计　者：＿＿＿＿＿＿

产品名称：　男西装　　　　样品制作：＿＿＿＿＿＿

制　板　者：＿＿＿＿＿＿　　工艺编制：＿＿＿＿＿＿

推　板　者：＿＿＿＿＿＿　　审核者：＿＿＿＿＿＿

样板编号：＿＿＿＿＿＿　　保密级别：＿＿＿＿＿＿

保管期限：＿＿＿＿＿＿　　共计页数：＿＿＿＿＿＿

××服装公司技术部

年　　　月　　　日

图3-3　封面设计

（2）产品外观图及款式说明

如图 3-4 所示，精确绘制产品外观图，对产品外观进行准确的概述。

款式图：

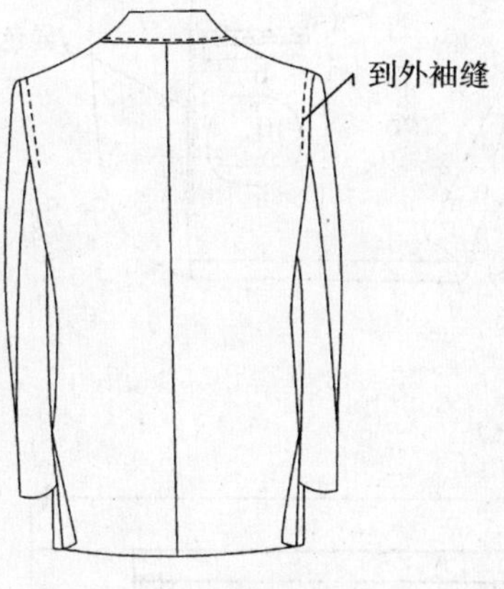

	袖头要求
	袖口里余度 0.5，距折边 2 袖里内外缝撩缝，距袖口 8 袖口内缝折边撩缝 手缝 1.5 1.5 1.5 3.5 1.5
肩部用白棉线手缝	**胸兜要求**
	胸兜为弯胸兜牌 胸兜深 14 兜牌两端缲 0.1×0.6 明线 劈缝缲兜牌，双线圈兜布 0.15 2.7 11.5
	腰兜要求
到外袖缝	双牙兜兜口长 16 兜盖宽 5.2 双线圈兜布 兜口两端打 D 结 16 5.2 0.5
	领角要求
	后领内外高 3×3 领头尺寸（如图） 1.8 翘驳头 看眼半开剪

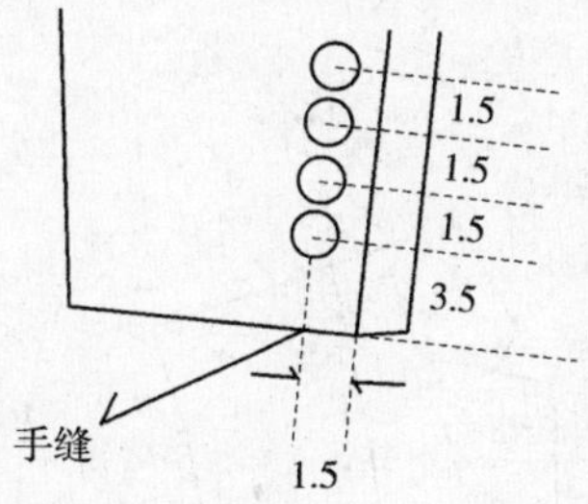

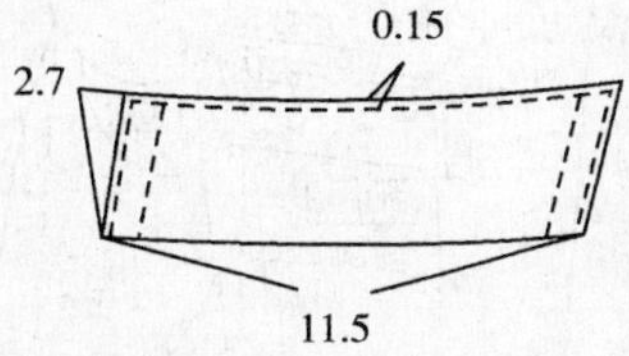

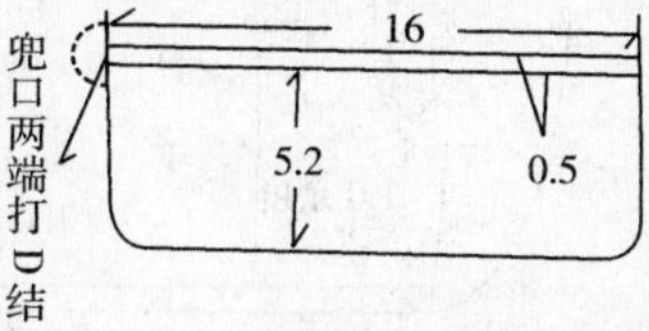

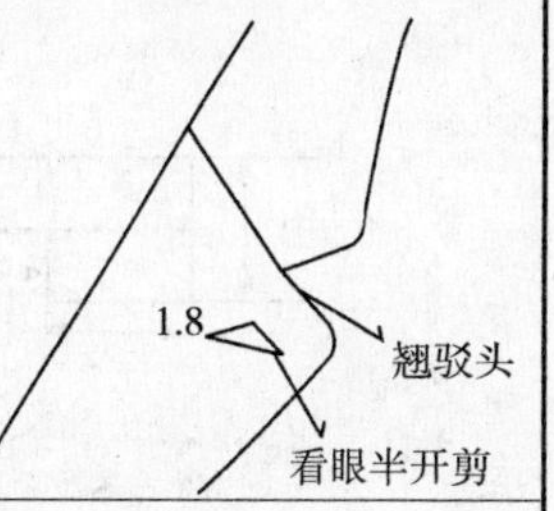

款式说明：
1）本款上衣为小驳头三粒扣、弯胸兜、侧开衩、袖口锁 4 个活眼、钉 4 个扣
2）左胸兜为弯胸兜牌，左右腰兜带盖，规格 5.2cm×16cm，双兜牙，右兜有零钱硬币兜
3）全里，袖里为白条里料，有汗垫，拉 2cm 小辫，钉到里侧缝上
4）里面共有 4 个兜：里胸兜 2 个，兜口长 13cm，兜上口要向上开 5cm；左侧有一个手机兜，兜口长 8.5cm，靠近里子一侧的兜布要用防辐射兜布；左侧有一个烟兜，兜口长 9cm，兜口全部打 D 形结，里右兜有兜盖，下方夹扣鼻。左手机兜下钉商标，用花边机车缝，兜里夹洗涤标；右胸兜下钉面料商标
5）在内侧后面背里有 2cm 余度
6）领底绒、袖口、底摆、袖窿全部手缝，贴边扦到前片上，底摆折边扦缝到身上

图 3-4 产品外观图及款式说明 单位：cm

（3）产品解剖图

如图 3-5 所示，精确绘制解剖图，对分解图进行准确的标识填写。

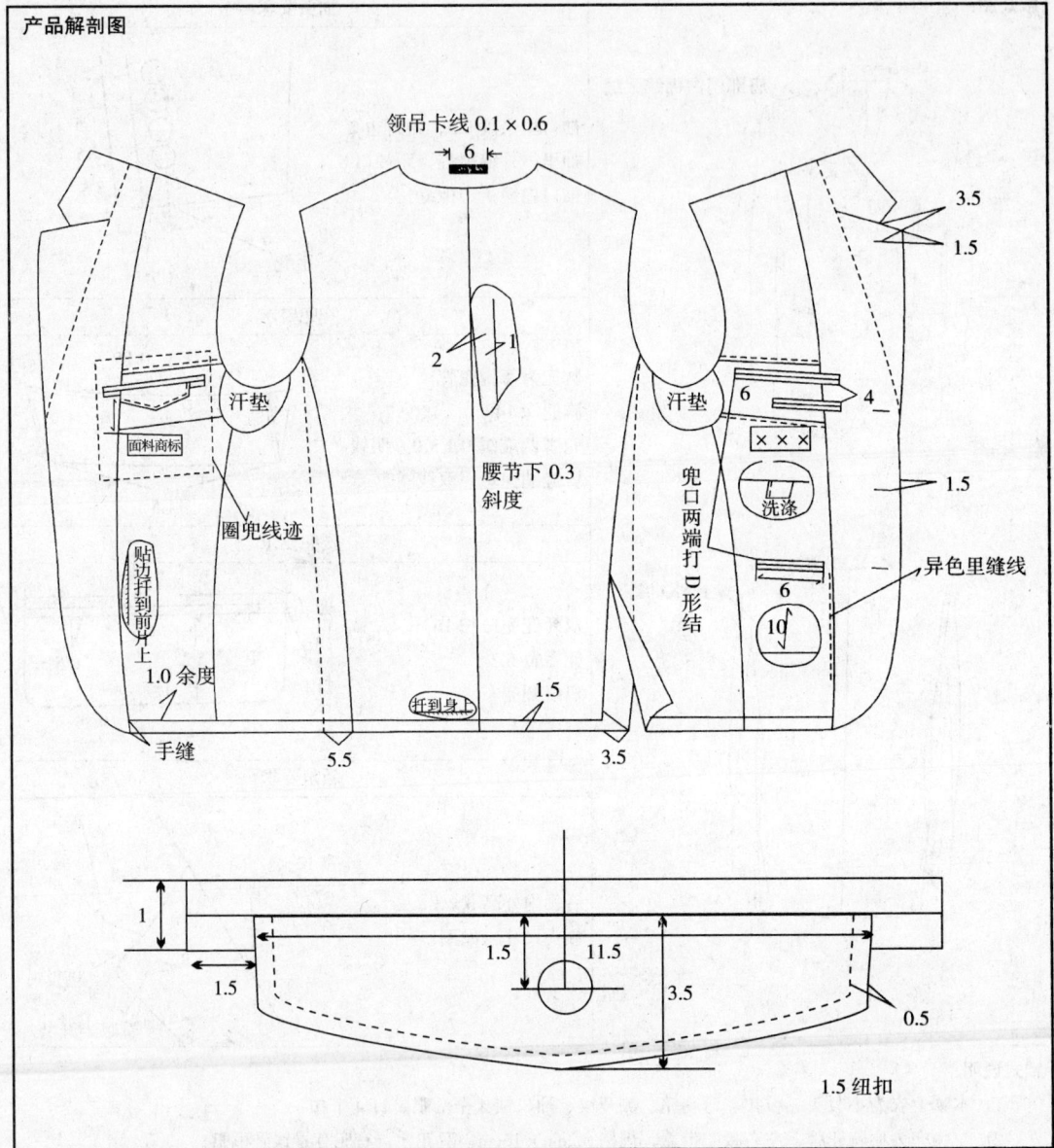

产品解剖图

领吊卡线 0.1×0.6

6

3.5

1.5

汗垫

汗垫

面料商标

2

1

腰节下 0.3 斜度

圈兜线迹

兜口两端打 D 形结

6

4

×××

洗涤

1.5

贴边扦到前片上

异色里缝线

1.0 余度

6

10

手缝

托到身上

5.5

1.5

3.5

1

1.5

11.5

3.5

1.5

0.5

1.5 纽扣

图 3-5　产品解剖图　　单位：cm

（4）规格尺寸表

如表 3-3 所示，准确地填写规格尺寸表。

表 3—3 男西装上衣规格尺寸表（三粒扣） 单位：cm

名称 款号	规格	三元表示	胸围	腰围	肩宽	衣长	袖长	袖口	扣间距	侧开衩	驳头宽
NS	44	165—88—76	102	92	45.5	72	57	14.1	8.7	20.5	8.8
	46	165—92—80	106	96	46.5	73	58	14.4	10	21	8.8
	48	170—96—84	110	100	47.5	74	59	14.7	10.3	21.5	8.8
	50	170—100—88	114	102	48.5	75	60	15.2	10.6	22	8.8
	52	175—104—92	118	106	49.5	76	61	15.5	10.9	22.5	8.8
	54	175—108—96	122	110	50.5	77	62	15.8	11.2	23	8.8
NR	44	170—88—76	102	92	45.5	74	58.5	14.1	9.3	21.5	8.8
	46	170—92—80	106	96	46.5	75	59.5	14.4	9.6	22	8.8
	48	175—96—84	110	100	47.5	76	60.5	14.7	9.9	22.5	8.8
	50	175—100—88	114	102	48.5	77	61.5	15	10.2	23	8.8
	52	180—104—92	118	106	49.5	78	62.5	15.3	10.5	23.5	8.8
	54	180—108—96	122	110	50.5	79	63.5	15.6	10.8	24	8.8
	56	185—112—100	126	114	51.5	80	64.5	15.9	11.1	24.5	8.8
NL	46	175—92—80	106	96	46.5	77	61	14.4	10.2	23	8.8
	48	175—96—84	110	100	47.5	78	62	14.7	10.5	23.5	8.8
	50	180—100—88	114	102	48.5	79	63	15	10.8	24	8.8
	52	180—104—92	118	106	49.5	80	64	15.3	11.1	24.5	8.8
	54	185—108—96	122	110	50.5	81	65	15.6	11.4	25	8.8
	56	185—112—100	126	114	51.5	82	66	15.9	11.7	25.5	8.8
FR	48	175—96—88	110	102	48	75	59.5	15.4	9.9	22.5	8.8
	50	175—100—92	114	106	49	76	60.5	15.7	10.2	23	8.8
	52	180—104—96	118	110	50	77	61.5	16	10.5	23.5	8.8
	54	180—108—100	122	114	51	78	62.5	16.3	10.8	24	8.8
	56	185—112—104	126	118	52	79	63.5	16.6	11.1	24.5	8.8
	58	185—116—108	130	122	53	80	64.5	16.9	11.4	25	8.8
PR	48	175—96—92	108	106	48.5	75	59.5	15.2	9.9	22.5	8.8
	50	175—100—96	112	110	49.5	76	60.5	15.5	11.1	23	8.8
	52	180—104—100	116	114	50.5	77	61.5	15.8	11.4	23.5	8.8
	54	180—108—104	120	118	51.5	78	62.5	16.1	11.7	24	8.8
	56	185—112—108	124	122	52.5	79	63.5	16.4	12	24.5	8.8
	58	185—116—112	128	126	53.5	80	64.5	16.7	12.3	25	8.8

（5）样板制作标准

如表 3-4~表 3-7 及图 3-6 所示，确认样板的工作质量标准。

表3—4 各部位缝份标准 单位：cm

部位	缝份	劈、倒、包缝	倒向	部位	缝份	劈、倒、包缝	倒向
背中心	2.5	劈缝	—	下摆折边	4	倒缝	向下倒
止口	1	劈缝	向身倒	里背中心	1	倒缝	—
肋片	1	劈缝	—	里袖内外缝	1	倒缝	—
肋缝	1.5	劈缝	—	贴边里料缝	1	倒缝	向后倒
肩缝	1	劈缝	—	转袖窿缝	1	倒缝	—
做领	1	倒缝	—	里肋片缝	1	倒缝	向后倒
绱领	1	劈缝	—	里肋缝	1	倒缝	向后倒
绱袖缝	1	倒缝	向后倒	里肩缝	1	倒缝	向后倒
袖内外缝	1	劈缝	—	袖口折边	1.5	倒缝	—

注：缝份如有不同请以样板为准！袖山劈缝 5cm×5cm。

表3—5 胶条用量及使用部位

名 称	规格（cm）	单用量（m）	使用部位
直条（ST）	2	0.45	驳口纤条
直条（ST）	1	1.2	开衩
半斜条（HB）	2	3	止口
斜条	1	1.2	肩缝、袖窿、后领窝
直衬条	1.5	0.35	兜口

表3—6 粘合衬使用标准

部位	大小	衬编号	纱向	部位	大小	衬编号	纱向
前片	见样板	SR8672	见样板	兜牌	见样板	FM318	见样板
贴边	见样板	FM318	见样板	领底	见样板	2050S	见样板
码边	见样板	FM318	见样板	领面	见样板	FM318	见样板
肩	见样板	FM318	见样板	下摆	见样板	FM318	见样板
兜牙	见样板	KP–35–2	见样板	袖头	见样板	FM318	见样板
兜位	见样板	FM318	见样板	袖开衩	见样板	FM318	见样板
兜盖	见样板	FM318	见样板	串口衬	见样板	FM318	见样板

表 3-8 中数据仅供参考，生产前必须做试验。

表3—7 粘衬条件

条件	衬编号	SR8672	FM318	2050S
温度	℃	140	140	140
压力	g/cm²	2.5	2.5	2.5
时间	s	12	12	12

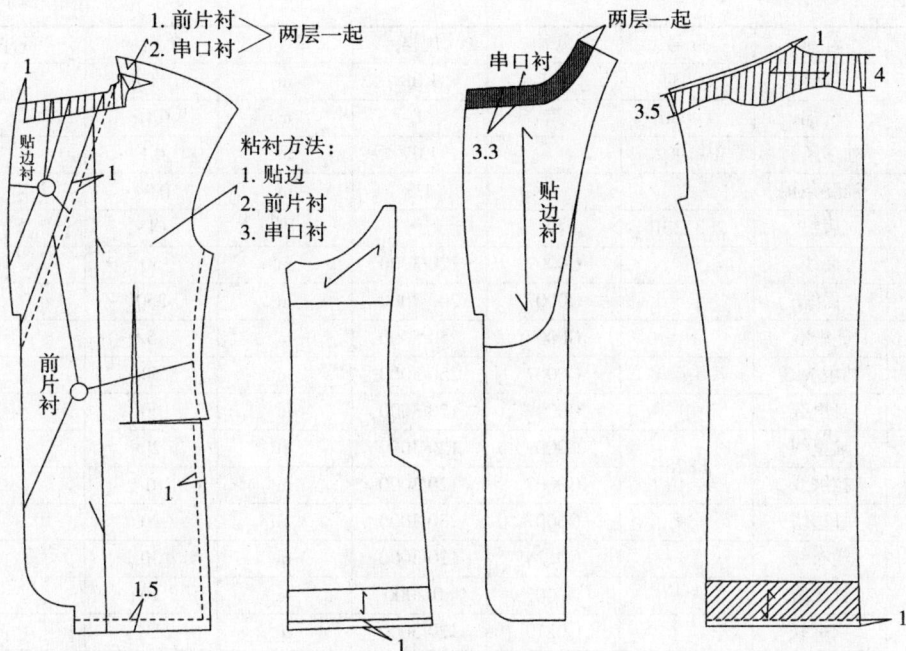

图 3—6　粘衬样板制作　　单位：cm

（6）面辅料搭配表

如表 3-8 所示，确认面辅料的搭配原则。

表 3—8　　　　　　　　　　　　　　面辅料搭配表

合同编号：×××× 　　　款式编号：×××× 　　　　板型编号：　　　年　月　日

供应商	名　称	品　号	色号	规格	单位	单用量	备注
	面料	227		1.5	m	1.6	
	里料	TA1660	100	1.2	m	1.05	
	袖里	AK-5260	001	1.2	m	0.65	
	醋酸里料	大库	黑	1.22	m	0.03	
	防电磁里料	—	灰	1.2	m	0.15	
	扣子	SLH	05	20	个	4	
	扣子	SLH	05	15	个	10	
	领底绒	0034	714	1.8	m	0.035	
	领底衬	PA1110	黑	1.1	m	0.05	
	前片衬	SR8672	灰	1.2	m	0.5	
	贴边衬	FM318	黑	0.9	m	0.48	
	小料衬	FM319	黑	0.9	m		
	兜牙衬	KP-35-2	黑	1	m	0.075	
	兜布	TC	灰	1.1	m	0.5	
	黑碳衬	P-1130	—	1.06	m	0.64	

供应商	名称	品号	色号	规格	单位	单用量	备注
	马尾衬	TC-15		1.08	m	0.07	
	胸棉	T-080	黑	1	m	0.16	
	袖窿条衬	P-1902		1.07	m	0.1	
	袖窿条棉			1.5	m	0.04	
	肩垫	203233B	黑		副	1	
	面线		G0007	120/3000	m	50	
	面线		G0007	200/3000	m	250	
	兜牌线		G0007	250/5000	m	5	
	纳驳头线		G0007	250/5000	m	50	
	身里线		G0007	120/3000	m	60	
	袖里线	F828	G0009	120/3000	m	20	
	拉绒线		G0007	120/3000	m	6	
	扞边线		G0007	230/3000	m	70	
	兜布线		G0124	120/3000	m	30	
	锁眼线		G0007	60/2000	m	10	
	商标线		G0272	120/3000	m	3	
	贴边星缝线		G0340	120/3000	m	8	
	袖扣线	8754	9700	60/3000	m	8	
	作胸衬线		1700	180/5000	m	60	
	芯线	S209	9700	10/400	m	1.2	
	袖里手缝线		白	500	m/束	3	
	钉扣线		黑	20/60		5	
	拉绒手缝线		黑	500	m/束	2	
	身里手缝线		黑	500	m/束	5	
	止口条			1.2	m	0.06	
	商标	×××	黑	0.8cm×6.5cm	个	1	
	商标	×××	黑	8.2cm×5.2cm	个	1	
	面料商标				个	1	
	洗涤				个	1	
	棉带条		黑	0.005	m	1.5	
	双面胶条		白	0.01	m	0.15	
	吊牌				个	1	
	吊粒				个	1	
	修补袋				个	1	
	纤检牌				个	1	
	防伪标				个	1	
	合格证				个	1	
	衣架				个	1	
	塑料袋			100cm×65cm	个	1	
	不干胶贴			5.4cm×1.9cm	个	1	
	特材吊牌				个	1	

（7）裁剪要求

如表 3-9 所示，确认裁剪的工作质量标准。

表 3-9　　　　　　　　　　　　裁剪要求

序号	裁剪要求
1	布料打开平放 24 小时后工作
2	所有粘衬料的面料均要先毛裁，粘完衬后再净裁，同时要裁练习布和补修布
3	拉布要平缓
4	排板准确，搭配合理，对料排板
5	裁刀准确，公差不得超过 ±0.1cm
6	面辅料搭配要一致（与色卡对照）
7	打号准确，以免色差串号
8	条格布料，需要对条对格部位均需对好
9	倒顺绒、格料全身顺向一致

（8）缝制要求

如表 3-10、表 3-11 所示，确认缝制的工作质量标准。

表 3-10　　　　　　　　　　　　针距密度要求

序号	项　目		针距密度	备　注
1	明线		14~18 针 /3cm	包括不见明线的暗线
2	三线包线		不少于 9 针 /3cm	
3	手缲线		不少于 7 针 /3cm	袖窿、领子不少于 9 针
4	锁眼	细线	12~14 针 /1cm	机器锁眼
		粗线	不少于 9 针 /1cm	手工锁眼
5	钉扣	细线	每眼 8 根线	缠绕脚高低与扣眼厚度相适宜
		粗线	每眼 4 根线	缠绕脚高低与扣眼厚度相适宜

表 3-11　　　　　　　　　　　　缝制要求

序号	缝制要求
1	明线要求顺色
2	明线不准断线、接线、跳线或掉扣，不准聚褶或拉伸，要求保持自然
3	各部位线路顺直、整齐、牢固、松紧适宜
4	商标位置端正，接线长不多于 3 针
5	衣服各部位平服，松紧适宜
6	眼位不偏斜，扣与眼位相对

（9）熨烫要求

如表 3-12 所示，确认整熨的工作质量标准。

表 3-12　　　　　　　　　　　　熨烫要求

序号	熨烫要求
1	各部位缝子要烫平，按形状烫服帖，不能有亮光、水花、气泡、油污等
2	平服、整洁美观

（10）包装要求

如图 3-7 所示，确认包装的工作质量标准。

包　装　物		
名称	有 / 否	使用部位
商标	有	
洗涤	有	
吊牌	有	
合格证	有	
纤检牌	有	
防伪标	有	
衣架	有	
塑料袋	有	
补修袋	有	
面料商标	有	

包装方法：

　　①需挂合格证、吊牌、滨霸吊牌、纤检牌、补修袋，合格证背面居中贴防伪标。

　　吊粒的棉绳穿过吊牌、特材吊牌、纤检牌、补修袋、合格证，插入吊粒"S"端，吊粒的棉绳穿过扣眼，插入吊粒的"T"端。

　　②补修袋装面料小样 8cm×8cm 一块，大扣小扣各一粒。

　　③挂衣架，装塑料袋包装。

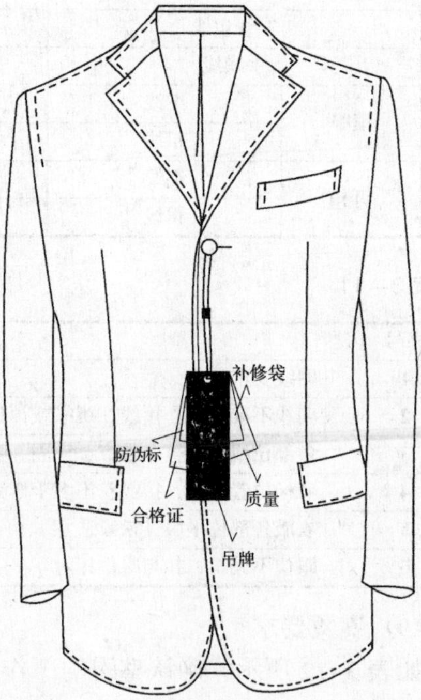

吊牌

合格证

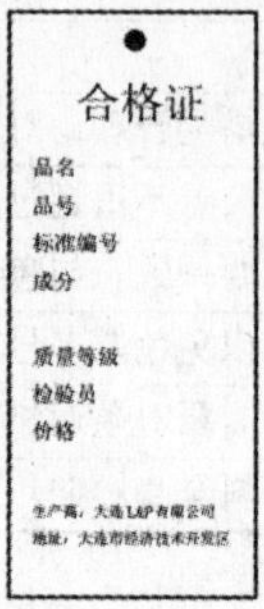

合格证

品名
品号
标准编号
成分

质量等级
检验员
价格

生产商：大连 L&P 有限公司
地址：大连市经济技术开发区

特材吊牌（滨霸）

AsahiBemberg™（铜氨丝）
——来自大自然的纤维

面料商标　STAR　Living Botton　STAR

主商标　∞

领吊商标　××××

补修袋
防伪标
合格证
质量
吊牌

图 3—7　包装要求

（11）质量检验标准

如表 3-13 所示，严格执行质量检验标准。

表 3-13 成衣质量检验标准

序号		成衣质量标准
1	领	领子扣好后，要求两领匀称一致，不翘、不咧，扣好后纽扣居中
2	袖	左右两袖圆顺，前后要求对称一致，平服不吊
3	门襟止口	门襟止口顺直，不搅、不豁，大襟、底襟长短适宜
4	胸部	胸部饱满、圆顺自然，嵌纱向直顺，胸省高低一致
5	肩	左右两肩缝不背、不咧
6	口袋	口袋圆顺平服，嵌纱向直顺，条子对准，兜牙宽窄一致，直顺，袋角方正，袋口牢固
7	手巾兜	手巾兜四角方正，宽窄一致，袋口不松不紧（有）
8	后背	后背方正，背缝直顺不翘，摆缝平服。后领部平服，不起雍，左右肩部不空、服帖
9	里子内部	贴边平服，宽窄一致，底边宽窄一致。里袋高低大小左右对称，兜牙顺直，袋角方正，封口牢固
10	手针工艺	缲针、锁针、花绷针等工艺符合要求
11	熨烫	各部位缝子烫平，按形状烫服帖，不能有亮光、水花、油污等

（12）清晰准确标明样品客户确认意见和其他重要说明。

（13）工艺标准上，样板制作者、工艺制作者、样品制作者、审核者要签字。

以上内容中，第 1、2、3、4、12、13 为技术标准的必需项目。

一般的成衣标准和大多数的样品标准只需要这些内容就可以了，一些企业为了让使用者一目了然，设计成一页纸，使用起来很方便，内容可根据实际需要进行调整。

例2 男西装简明工艺标准（表 3-14）

例3 男西裤简明工艺标准（表 3-15）

例4 男衬衫简明工艺标准（表 3-16）

表3—14　男西装简明工艺标准

单位：cm

工艺标准	合约:					上衣样版:		日期
	客户	品名	商标	季别	样板制作	样品制作	工艺制作	批准审核

兜口长：13.5
兜口长：9　深：15
兜口长：9　深：10
深：20

商标

折叠2

夹领吊6

1.5

3.5

卡0.1明线

两折手缝

0.2星缝 #30/150#

10×4

余度

止口钉扣透贴边一针

袖山劈缝

割肩垫 1.2

劈领卡线0.15　圆坡肩

0.15卡线

硬而兜 9×9

领、止口、兜盖星缝距边0.15

钉扣按图示字母方向X线型。

面缝份式样

里缝份式样

缝份式样

胸兜要求　腰兜要求
15　5.5　2.5　直角
腰兜牙斜纱　兜盖里斜纱

袖头要求
1.2　1.5　里料　面
4.0　面料
10.5

领角要求
3.0　1.5　里料　面料　里

第一粒扣位距翻折起点线1.0

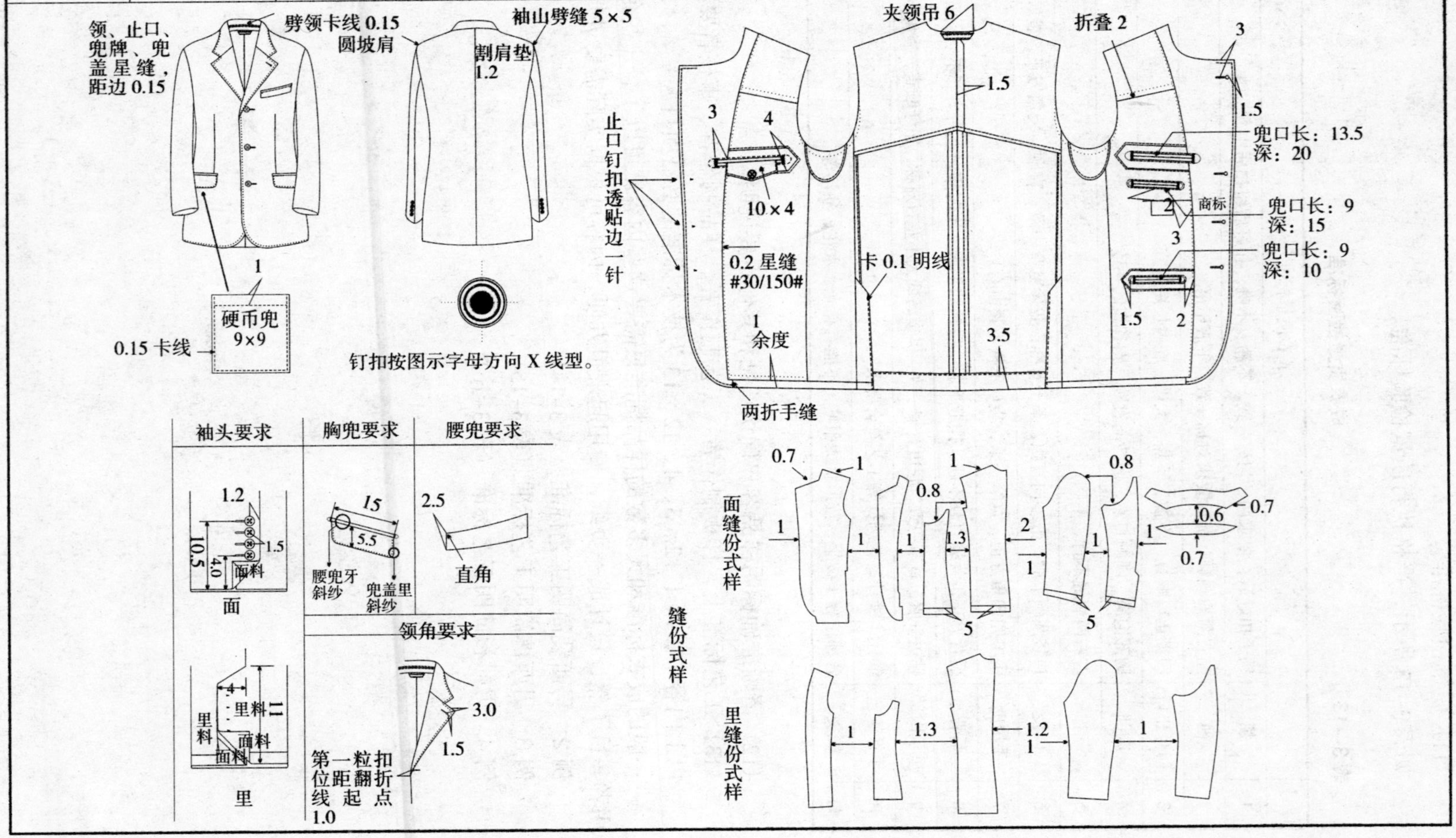

表 3—15 男西裤简明工艺标准

单位：cm

工艺标准	客户	品名	商标	季别	样板制作	样品制作	工艺制作	批准审核	日期
			合约：				样板：		

裤线在剪一根绊带前
前片 裤线烫至侧兜口下端处

钉扣方法及线型

4.5
夹
折
夹腰中
1.5
18
后兜里洗涤两折夹
8 根绊带
0.5 打结
腰面 ≥86
13.5
1.5
1.5
1 3 0.5
7 2
1.5
3.5
0.8 打结

5.5
前裤片
0.6 裤刀包条
卡线
0.6 卡线
17 13
0.5
17
0.8 打结
13
手缝
卡线 0.1
重车 12 处
5.8
手缝
0.6
1.8 扣眼
边缘手缝
中缝
大档
其他缝合线
码边线

粘衬部位
裤刀衬：44/1000 DT57EX
兜位衬：CX4 牙衬：
探腰头衬：DT57EX

用线
#50 线：12 针 /3cm
#60 线：13 针 /3cm
#90 线：3 针 /10cm

备注
此款胶木加工 脚磨布不码边

表3—16 男衬衫简明工艺标准

单位：cm

款式	×××
项目	×××
面料	1.100%棉 2.100%莱卡
制作	×××

		客户	×××	制单	工艺编号	制单	×××
批次					1	审核	×××
日期	2004-5-10					日期	××年×月×号

规格（长短袖）

部位	规格		单耗
反总领	8505	↕	0.048
加强衬	4262	↔	0.035
底领	8505	↕	0.026
袖头	4262（连裁净3.4）		0.43
门襟	4262		0.03m

	A	B	C
37-39	11.5	14	11.5
40-42	12.5	15	12.5
40-42	13.5	16	13.5

双针 0.9　1.75cm　0.15
4.5　3.4　0.15
3.3　-0.1
34　22.5　18

	胶袋	××专用	4
	纸料领条		3.1
	蝴蝶结		3#

吊牌挂在第一粒扣上（针织料贴不干胶）
贴不干胶尺码
胶袋上贴不干胶尺码

长夹子：3个
方夹子：1个

包装方式	先染色，独码；后混色混码
包装方法	箱外贴 7×7 布样
缝纫线	60/2 顺色线 包装方法见具体定单

样板	×××	领头	×××
前身	×××	兔	×××
后背	×××	袖头	×××
过肩	×××	大小袖	×××
长袖	×××	袖头明线	×××
短袖	×××	带刀板	×××

注意事项：韵、过肩、兔、大袖、领

面料1　面料2

缩率　用料　纽扣　粘合衬

备用扣一大一小，大扣距底边8，小扣距底边6

设计尺寸

1.75
1.100%棉 2.100%莱卡

名称		38	40	42	44	46	48	50	TCL.A
A	（肩点起）衣长	57.5							
B	1/2胸围	40							
C	1/2腰围	39.5							
D	下摆围	46.5							
E	半肩宽	39							
F	袖缝长（直量）	21							
G	领宽	15.5							
H	前领深								
I	后领深								
J	袖长	60							
K	袖口宽	12							
L	克夫宽	4.5							
M	前领宽	6.5							
N	后领宽								
O	1/2领长	16							
P	口袋宽	17							
Q	颈点到口袋长	37							
R	口袋长（含袋盖）								
S	肩点到第一粒扣眼	32							
T	袖肥	13.5							

注意事项：在没有里子的情况下，应该采用法式缝纫方法

例5　男灯芯绒半大衣工艺指示书（图3-8~图3-10，表3-17~表3-21，图3-11）

××服装生产厂技术档案

××服装生产厂技术档案　　　　　　　　　　　　　　　编号：××××

序号：××××

生产工艺指示书

合　约　号：＿＿＿＿＿　　　客户名称：＿＿＿＿＿

产品编号：＿＿＿＿＿　　　设　计　者：＿＿＿＿＿

产品名称：**男灯芯绒半大衣**　　样品制作：＿＿＿＿＿

制　板　者：＿＿＿＿＿　　　工艺编制：＿＿＿＿＿

推　板　者：＿＿＿＿＿　　　审　核　者：＿＿＿＿＿

样板编号：＿＿＿＿＿　　　保密级别：＿＿＿＿＿

保管期限：＿＿＿＿＿　　　共计页数：＿＿＿＿＿

××服装公司技术部

年　　　月　　　日

图3-8　封面设计

款式图：

款式说明：

　①本款上衣为灯芯绒半大衣，止口锁眼钉扣

　②腰兜为斜插兜

　③身里为全里，有活里子，活里用濑兔皮；活里夹小鼻，身钉扣

　④后领座领吊商标，身里净后中向下4.5cm中钉商标，用万能机车缝三角针

　⑤洗涤标夹在左侧身里侧缝净底摆向上30cm处

图 3-9　产品外观及款式说明

解剖图

领吊商标
两端 0.1+0.6

1

两端 0.1+0.6
1

4.5

1

2

商标"舟"形夹
左右居中

xxx　6×0.8

商标活里净领围向下 4.5
左右居中

身夹小鼻，活里钉扣

16

魔术贴 4

向后侧缝，包条　　后开衩包条　　　　包条　贴边单层锁眼
　　　　　　　　　　　　　　　　　　　　　活里钉扣

领吊商标
两端 0.1+0.6

活里夹小鼻
身钉扣

面料
商标

0.5

30

活里濑兔毛　　大身全里　　　　　　　　活里夹小鼻，贴边单层钉扣

编号：××××
序号：××××

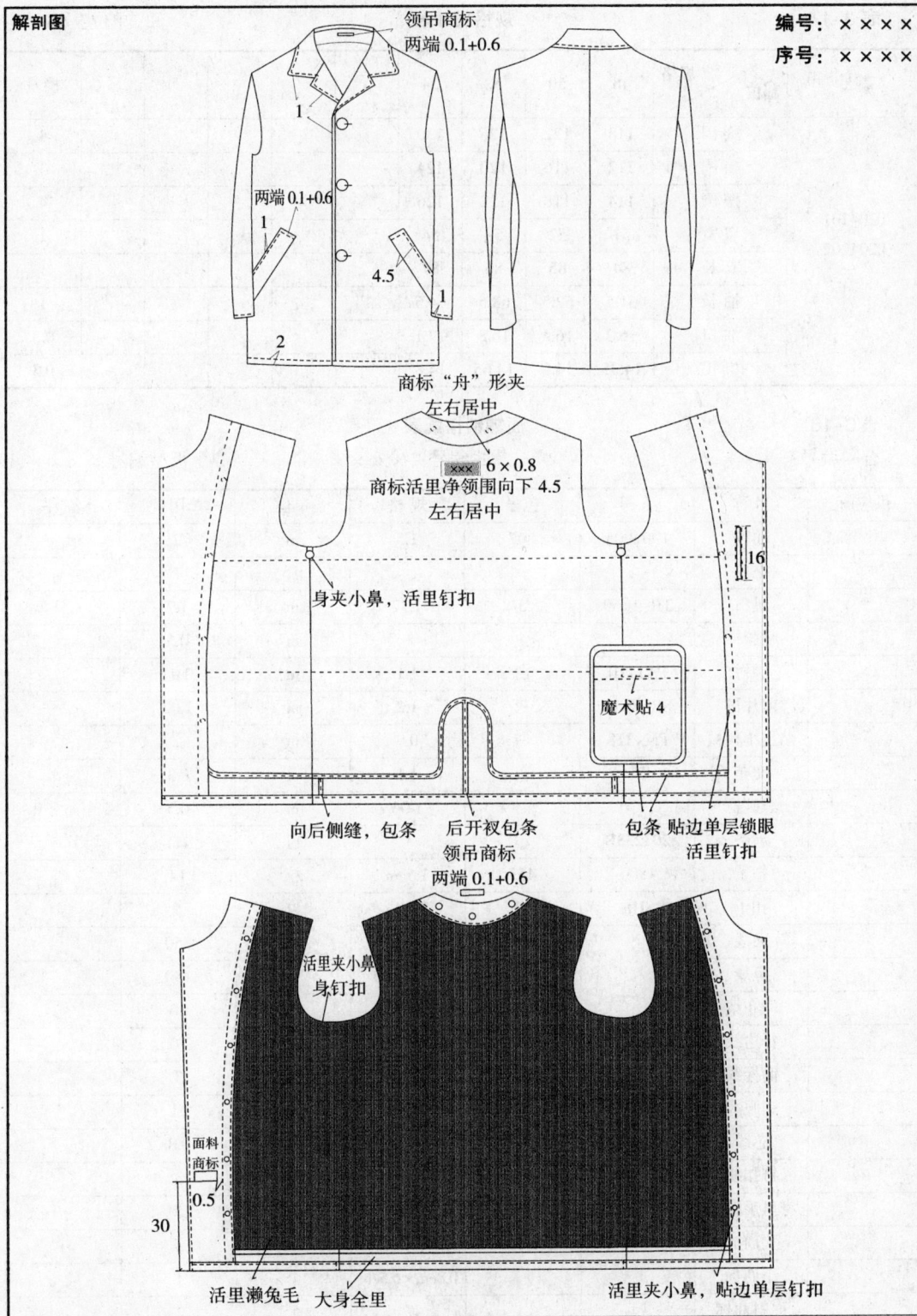

图 3-10　产品解剖图　　单位：cm

表 3-17　　　　　　　　　　　　规格尺寸表　　　　　　　　　　单位：cm

款号	部位＼规格	48	50	52	54				档差
0204201 0204202	胸围	118	122	126	130				4
	腰围	112	116	120	124				4
	摆围	114	118	122	126				4
	肩宽	51	52	53	54				1
	衣长	84	85	86	87				1
	袖长	61.5	62.5	63.5	64.5				1
	袖口	16.2	16.5	16.8	17.1				0.3
	扣间距	14.35	14.5	14.65	14.8				0.3

表 3-18　　　　　　　　　　　　面辅料搭配表

合同编号：××××　　　　　　款式编号：××××　　　　　　板型编号：××××

供应商	名称	品号	色号	规格	单位	单用量	备注
	面料	1901905	807	1.5	m	2	
	毛皮				套	1	
	里料	TR-1660	5	1.37	m	1.7	
	喷胶棉				m	0.5	
	领衬	PA1110	白	1.1	m	0.07	
	前片衬	SR-8672	灰	1.2	m	1.02	
	贴边小料衬	FM-318	白	0.9	m		
	兜布	TC	灰	1.1	m	0.3	
	黑碳衬	1130		1.06	m	0.5	
	肩垫	203233B			付	1	
	扣子	1800	453	1.5cm	粒	14	
	扣子	SHL	03	2.3cm	粒	4	
	面线		G0359	120/3000	m	350	
	里线		G0304	120/3000	m	150	
	兜布线		G0124	120/3000	m	30	
	扦边线	F828	G0359	230/3000	m	70	
	商标线		G0272	120/3000	m	3	
	锁眼线		G0359	60/2000	m	21	
	芯线	G-209	8358	10/400	m	0.8	
	钉扣线		6	20/60	m	3	
	身里手缝线		702	500	m/束	5	
	大商标			8.2cm×5.2cm	个	1	
	小商标			0.8cm×6.5cm	个	1	
	面料商标				个	1	
	吊牌				个	1	

续表

供应商	名称	品号	色号	规格	单位	单用量	备注
	吊粒				个	1	
	质量吊牌				个	1	
	洗涤				个	1	
	合格证				个	1	
	不干胶贴				个	1	
	补修袋				个	1	
	衣架				个	1	
	塑料袋				个	1	

表 3-19　　　　　　　　　　　　　　　数量搭配表

款　号	面料品号	46	48	50	52	54	56		合计

表 3-20　　　　　　　　　　　　　　　面辅料颜色搭配表

辅料品号色号面料号	里料	前片衬	贴边小料衬	领衬	兜布	黑碳衬	肩垫	止口扣子		
	TA-1660	SR8672	FM-318	PA-1110		1130	203233B	SHL		
1901905/807	5	灰	白	白	米	本色	白	03		
1901905/893	47	灰	黑	黑	黑	本色	黑	01		

表 3-21　　　　　　　　　　　　　　　操作要求及质量标准

项目	要　求
裁剪	①布料打开后平放 24 小时后工作。②拉布要平缓。③排板准确,搭配合理,对料排板。④裁刀准确,公差不得超过 ±0.1cm。⑤面辅料搭配要一致(与色卡对照)。⑥打号准确,以免色差串号。⑦条格面料,需要对条对格部位均需对好
熨烫	①各部位缝子要烫平,按形状烫服帖,不能有亮光、水花、气泡、油污等。②平服、整洁美观
质量	①领子扣好后,要求两领品匀称一致,不翘、不咧,扣好后纽扣居中。②左右两袖圆顺,前后要求对称一致,平服吊。③门襟止口顺直,不搅、不豁,大襟、底襟长短适宜。④左右两肩缝不背、不咧。⑤口袋平服,嵌纱向直顺,袋角方正,袋口牢固。⑥后背方正,背缝直顺不翘,摆缝平服。⑦后领部平服,不起雍,左右肩部不空、服帖。⑧里子内部:贴边平服,宽窄一致,底边宽窄一致。里袋高低大小左右对称,兜牙顺直,袋角方正,封口牢固。⑨明线不准接线。针号、针距:针号:11 号。针距:明线:3cm/12 针,暗线:3cm/12 针。星缝:粘衬部位:PA1110:领底、领面;SR8672:前片;FM318:贴边、兜牌、兜位、止口、领花,粘衬之前请先做试验,掌握好粘衬条件
锁钉	①止口锁 3 个 2.6cm 圆眼,钉 3 个 2.3cm 扣,线脖 0.5cm。②活里夹小鼻,贴边和领花共钉 11 个 1.5cm 扣;钉扣钉一层,不透面;线脖 0.3cm。③身袖窿处钉两个 1.5cm 扣,线脖 0.3cm。加棉部位:袖加两层棉子
缝制	①所有缝份均为 1cm。②码边:活里侧缝单码

编号：××××
序号：××××

包 装 物		
名称	有 / 否	使用部位
吊牌	有	
吊粒	有	
合格证	有	
质量吊牌	有	
面料吊牌	有	
补修袋	有	
防辐射吊牌	有	
衣架	有	
塑料袋	有	

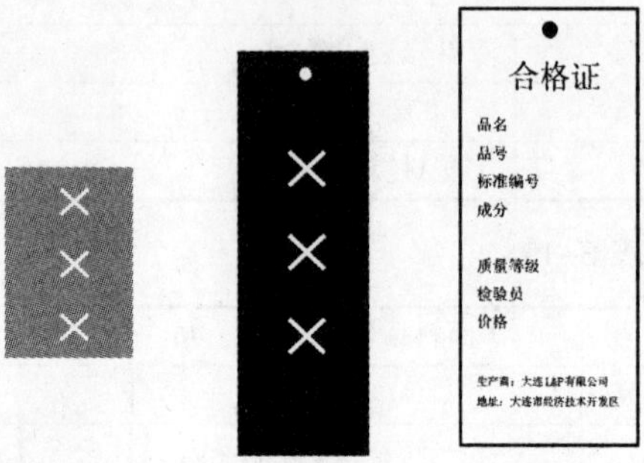

质量认证吊牌　　　吊牌　　　合格证

合格证

品名
品号
标准编号
成分

质量等级
检验员
价格

生产商：大连 L&P 有限公司
地址：大连市经济技术开发区

包装方法：

① 需挂吊牌、质量吊牌、补修袋、合格证。

吊粒穿过吊牌、质量吊牌、补修牌、合格证，然后插入吊粒的"S"端，吊粒的"T"端挂在灯芯绒半大衣的领吊上。

②装补修袋：补修袋装面料小样 8cm×8cm 一块、1.5cm 扣一个。

③挂衣架，装塑料袋包装。

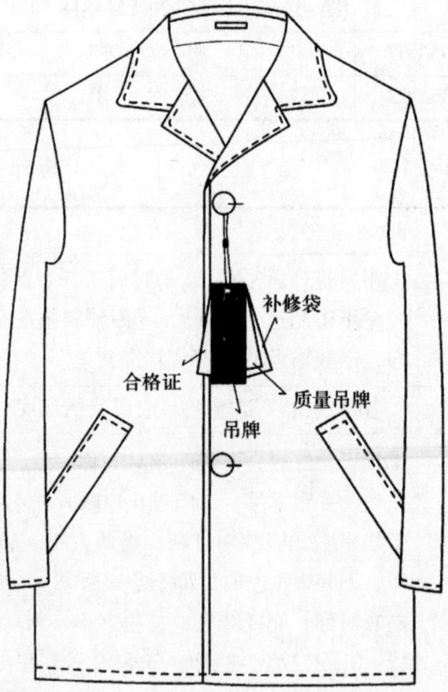

补修袋

合格证

质量吊牌

吊牌

主商标

∞

领吊商标

×××

图 3-11　包装物、包装要求及方法

例6 男休闲夹克工艺指示书（图 3-12~图 3-14，表 3-22~表 3-26，图 3-15）

××服装生产厂技术档案 　　　　　　　　　　　　　　　　　编号：××××
　　　　　　　　　　　　　　　　　　　　　　　　　　　　序号：××××

生产工艺指示书

合　约　号：＿＿＿＿＿　　客户名称：＿＿＿＿＿

产品编号：＿＿＿＿＿　　设　计　者：＿＿＿＿＿

产品名称：**男休闲夹克**　　样品制作：＿＿＿＿＿

制　板　者：＿＿＿＿＿　　工艺编制：＿＿＿＿＿

推　板　者：＿＿＿＿＿　　审　核　者：＿＿＿＿＿

样板编号：＿＿＿＿＿　　保密级别：＿＿＿＿＿

保管期限：＿＿＿＿＿　　共计页数：＿＿＿＿＿

××服装公司技术部

　　　　　　　　　　　　　　　　年　　月　　日

图 3-12 封面设计

款式图：

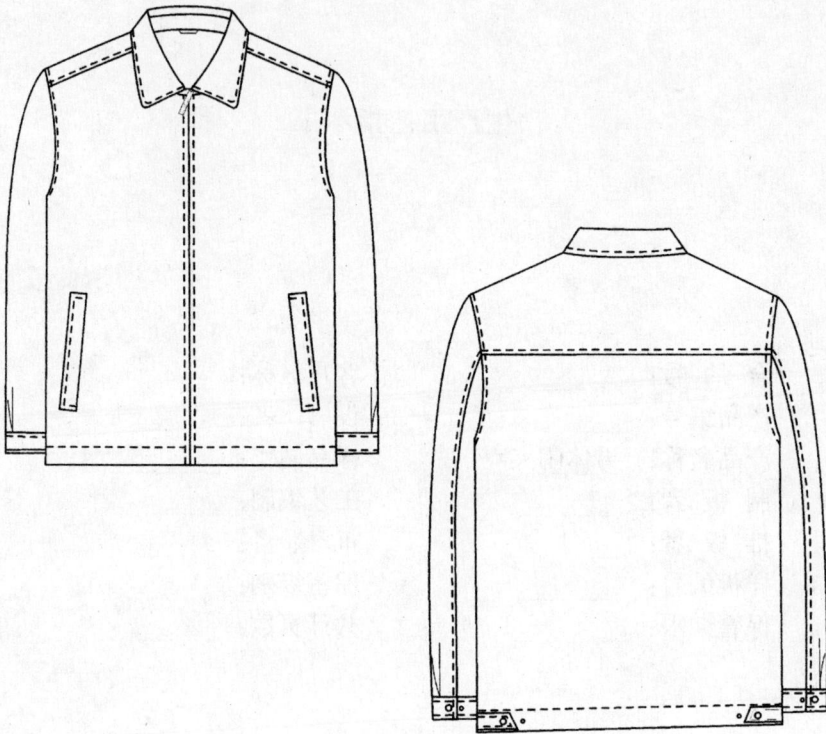

款式说明：

①本款上衣为休闲茄克，止口拉链，前片有兜牌兜，有两个隐形拉链；后片有育克，左前片有刺绣

②全里，身里为格布里，袖里为顺色里绸

③里子有 3 个兜；左侧有一个双牙拉链兜，兜口长 14cm；右侧有一个双牙带盖兜，兜口长 14cm，里面夹小鼻钉扣；左侧下面有一个手机兜，单牙，兜口长 9cm，靠近里子一侧的兜布用防辐射兜布，砸一副四合扣。右里兜下钉面料商标；商标用万能机车缝三角针。左里兜垫带上夹洗涤标

图 3-13 产品外观及款式说明

解剖图：

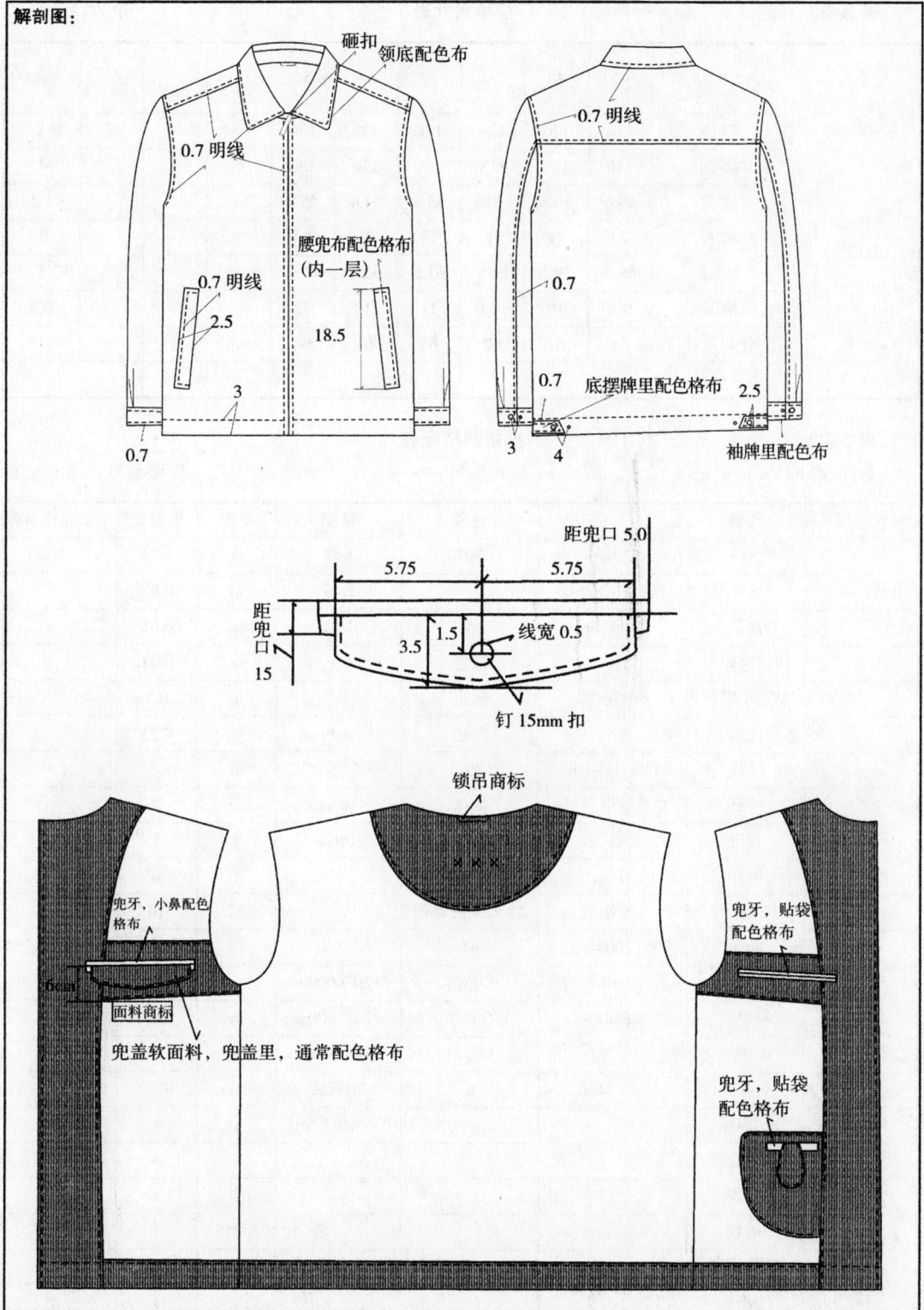

图 3-14 产品解剖图 单位：cm

表 3-22　　　　　　　　　　　　　　　规格尺寸表　　　　　　　　　　　　　　单位：cm

款号	部位　　规格	46	48	50	52	54	56			档差
0213204 0213205	胸 围	116	120	124	128	132	136			4
	摆 围	110	114	118	122	126	130			4
	肩 宽	49.6	50.8	52	53.2	54.4	55.6			1.2
	衣 长	70	71	72	73	74	74			1
	袖 长	58.5	59.5	60.5	61.5	62.5	62.5			1
	袖 口	9.5	10	10.5	11	11.5	12			0.5
	止口拉链	61	61	62	63	64	64			1

表 3-23　　　　　　　　　　　　　　　面辅料搭配表

合同编号：××××　　　　　　　　　款式编号：××××　　　　　　　　板型编号：××××

供应商	名称	品号	色号	规格	单位	单用量	备注
	面料	3288/6	67079	1.48	m	1.78	
	里料	L-44-9360-1		1.45	m	0.83	
	袖里	T-1115S	5	1.22	m	0.62	
	防静电兜布		灰色		m	0.02	
	贴边小料衬	SR-8672	灰色	1.1	m	0.5	
	兜布	T/C	米色	1.1	m	0.33	
	拉链	LP3-10-1/B	897		条	1	
	拉链	2 号隐形拉链	897	16cm	条	2	
	拉链	CFC-36	897	14cm	条	1	
	砸扣	4 号纽面	35 号亮白处理		副	6	
	砸扣	4 号纽面	35 号亮白处理		副	10	
	扣子	J004	41	1.5cm	粒	1	
	面线		G0304	120/3 000m	m	250	
	身里线	F828	G0026	120/3 000m	m	50	
	锁眼线		G0231	60/3 000m	m	30	
	钉扣线	××	6	20/60m	m	0.2	
	小商标			0.8cm×6.5cm	个	1	
	面料商标				个	1	
	吊牌				个	1	
	吊粒				个	1	
	质量吊牌				个	1	
	洗涤标				个	1	
	合格证				个	1	

续表

供应商	名称	品号	色号	规格	单位	单用量	备注
	不干胶贴				个	1	
	补修袋				个	1	
	衣架				个	1	
	塑料袋				个	1	
	面料吊牌				个	3	
	防辐射吊牌				个	1	

表 3-24　　　　　　　　　数量搭配表　　　　　　　　单位：cm

款　号	面料品号	46	48	50	52	54	56		合计
0213204	3288/6/67099		20	36	36	18	10		120
0213205	3288/6/74393		20	36	36	18	10		120

表 3-25　　　　　　　　　面辅料颜色搭配表

辅料 品号 色号 面料 色号	里料 T-1115S	袖里	配色布	贴边小料衬 SR8672	兜布 大库	防辐射兜布	止口拉链 LP3-10-1/B	兜拉链 2号隐形拉链	拉链 CFC-36	扣子 J004	砸扣
3288/6/67099	L-44-9360-1	5	L-44-9360-1	灰色	米色	灰色	897	896	897	41	黄色
3288/6/74393	L-44-6533-1A	100	L-44-6533-1A	灰色	黑色	灰色	158	158	158	09	黄色

表 3-26　　　　　　　　　操作要求及质量标准

项目	要　求
裁断	①布料打开后平放24小时后工作。②拉布要平缓。③排板准确，搭配合理，对料排板。④裁刀准确，公差不得超过±0.1cm。⑤面辅料搭配要一致（与色卡对照）。⑥打号准确，以免色差串号。⑦条格布料，需要对条对格部位均需对好
熨烫	①各部位缝子要烫平，烫死，按形状烫服贴，不能有亮光、水花、气泡、油污等。②平服、整洁美观
质量	①领子扣好后，要求两领匀称一致，不翘、不咧，扣好后纽扣居中。②左右两袖圆顺，前后要求对称一致，平服不吊。③门襟止口顺直，不搅、不豁，大襟、底襟长短适宜。④左右两肩缝不背、不咧。⑤口袋平服，嵌纱向直顺，袋角方正，袋口牢固。⑥后背方正，背缝直顺不翘，摆缝平服。⑦后领部平服，左右肩部不空、服帖。⑧里子内部：贴边平服，宽窄一致，底边宽窄一致。里袋高低大小左右对称。兜牙顺直，袋角方正，封口牢固。⑨明线不准接线。针号、针距：针号：11号；针距：明线：3cm/12针　暗线：3cm/12针
粘衬部位	贴边、领底、领面、袖头面、里，领座面、里；里兜盖、里兜牙，手机兜盖表、手机兜牙，里兜位、手机兜位、腰兜位、止口、腰兜牌。粘衬之前请先做试验，掌握好粘衬条件
锁钉	①领座砸一副四合扣，手机兜砸一副四合扣。（不透面）底摆袖头各砸两副四合扣。②右里兜钉一个1.5cm扣
缝制	各部位缝份以样板为准

包 装 物		
名称	有 / 否	使用部位
吊牌	有	
吊粒	有	
合格证	有	
质量吊牌	有	
面料吊牌	有	
补修袋	有	
防辐射吊牌	有	
衣架	有	
塑料袋	有	

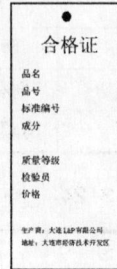

质量认证吊牌　　　　吊牌　　　　合格证

包装方法：

①需挂吊牌、质量吊牌、补修袋、合格证。

吊粒穿过吊牌、质量吊牌、防辐射吊牌、面料吊牌、补修牌、合格证，然后插入吊粒的"S"端，吊粒的"T"端挂在茄克衫的领吊上。

②装补修袋：补修袋装面料小样 8cm×8cm 一块。

③挂衣架，装塑料袋包装。

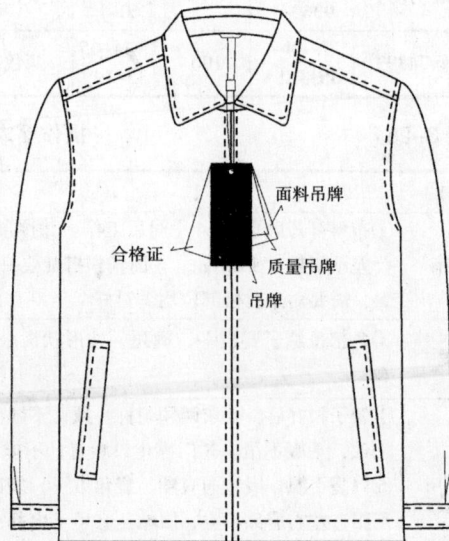

主商标

领吊商标

图 3-15　包装物、包装要求及方法

例 7 男棉服上衣工艺指示书（图 3–16~图 3–18，表 3–27~表 3–31，图 3–19）

××服装生产厂技术档案   编号：××××   序号：××××

生产工艺指示书

合 约 号：＿＿＿＿   客户名称：＿＿＿＿

产品编号：＿＿＿＿   设 计 者：＿＿＿＿

产品名称：**男棉服上衣**   样品制作：＿＿＿＿

制 板 者：＿＿＿＿   工艺编制：＿＿＿＿

推 板 者：＿＿＿＿   审 核 者：＿＿＿＿

样板编号：＿＿＿＿   保密级别：＿＿＿＿

保管期限：＿＿＿＿   共计页数：＿＿＿＿

×× 服装公司技术部

年 月 日

图 3–16 封面设计

款式图：

款式说明：

①本款男棉服上衣止口缝拉链，有暗牌；袖有袖牌，袖牌锁眼钉扣；后中有开衩。

②腰兜有两个兜，一个兜牌兜，一个双牙拉链兜。

③身里为半里，有活里子，贴边单层锁眼，活里钉扣。

④里面左侧贴边有一个单牙拉链兜，兜口长16cm，兜内垫带夹洗涤说明。

后中缝领缝处夹领吊商标，活里净后中向下4.5cm居中钉商标，用万能机车缝三角针。

图 3-17　产品外观及款式说明

解剖图：

0.1

0.1

0.1

0.1

3

商标"舟"形夹
左右居中

商标活里净领围向下 4.5
左右居中

16

身夹小鼻，活里壁钉扣

魔术贴 4

向后侧缝包条　　　后开衩包条　　　包条　　贴边单层锁眼
　　　　　　　　　　　　　　　　　　　　　　　　　活里钉扣

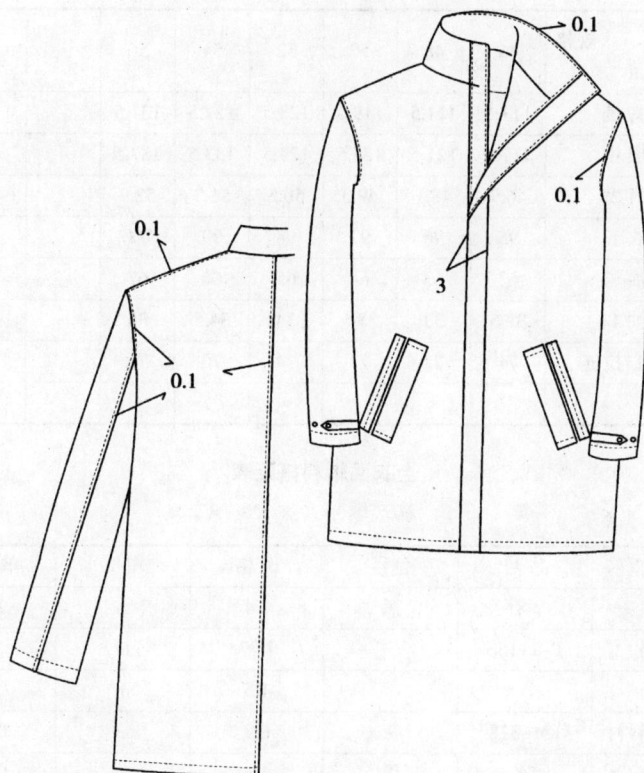

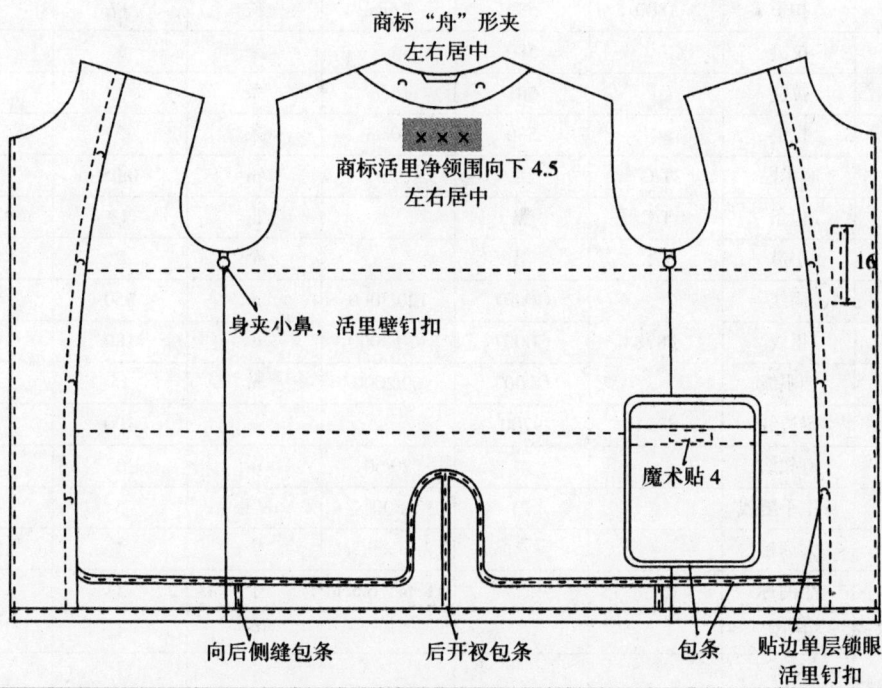

图 3-18　产品解剖图　　单位：cm

表 3-27   **规格尺寸表**   单位：cm

款 号	规格 部位	46	48	50	52	54	56			档差
0212206	胸围	111.5	111.5	119.5	123.5	127.5	131.5			4
	摆围	117.5	121.5	125.5	129.5	133.5	137.5			4
	肩宽	46.9	48.1	49.3	50.5	51.7	52.9			1.2
	衣长	95	96	97	98	99	100			1
	袖长	62	63	64	65	66	67			1
	袖口	32.5	33	33.5	34	34.5	35			0.5
	止口拉链	71	72	73	74	75	76			1

表 3-28   **上衣面辅料搭配表**

合同编号：××××   款式编号：××××   板型编号：××××

供应商	名称	品号	色号	规格	单位	单用量	备注
	面料	库存	黑	1.4	m	2.65	
	里料	T-1115S		1.37	m	2.7	
	棉子			1.5	m	2.4	
	贴边小料衬	FM-318	灰	0.9	m	0.95	
	兜布	T/C	黑	1.1	m	0.65	
	扣子	1800	58#	1.5cm	粒	17	
	拉链		580		条	1	
	拉链		581	16cm	条	1	
	拉链		580	20cm	条	2	
	魔术贴	T/C	黑		m	0.05	
	包条	T/C	黑		m	13	
	小鼻	T/C	黑		个	2	
	面线		G0007	120/3000	m	350	
	里线	F828	G0007	120/3000	m	180	
	锁眼线		G0007	60/2000	m	15	
	码边线	8754	9700		m	100	
	钉扣线		黑	20/60	m	3	
	身里手缝线		黑	500	m/束	5	
	大商标			8.2cm×5.2cm	个	1	
	小商标			0.8cm×6.5cm	个	1	
	吊牌				个	1	
	吊粒				个	1	
	质量吊牌				个	1	

续表

供应商	名 称	品 号	色 号	规 格	单 位	单用量	备 注
	洗涤				个	1	
	合格证				个	1	
	不干胶贴				个	1	
	补修袋				个	1	
	衣架				个	1	
	塑料袋				个	1	

表 3-29　　　　　　　　　　　**数量搭配表**

款 号	面料品号	46	48	50	52	54	56			合计
0212206	库存		25	35	35	25	20			140

表 3-30　　　　　　　　　　　**面辅料颜色搭配**

面料色号 辅料品色号号	里料	贴边小料衬	喷胶棉	兜布	止口拉链	兜拉链	里兜拉链	扣子	包条	魔术贴
	T-1115S	FM-318				CFC-36	CFC-36	1800		
库存	100	黑	白	黑	580	580	580	58#	黑	黑

表 3-31　　　　　　　　　　　**操作要求及质量标准**

项目	要　求
裁断	①布料打开后平放 24 小时后工作。②拉布要平缓。③排板准确，搭配合理，对料排板。④裁刀准确，公差不得超过 ±0.1cm。⑤面辅料搭配要一致（与色卡对照）。⑥打号准确，以免色差串号。⑦条格布料，需要对条对格部位均需对好
熨烫	①各部位缝子要烫平，按形状烫服贴，不能有亮光、水花、气泡、油污等。②平服、整洁美观
质量	①领子扣好后，要求两领匀称一致，不翘、不咧，扣好后纽扣居中。②左右两袖圆顺，前后要求对称一致，平服不吊。③门襟止口顺直，不搅、不豁，大襟、底襟长短适宜。④左右两肩缝不背、不咧。⑤口袋平服，嵌纱向直顺，袋角方正，袋口牢固。⑥后背方正，背缝直顺不翘，摆缝平服。⑦后领部平服，左右肩部不空、服帖。⑧里子内部：贴边平服，宽窄一致，底边宽窄一致。里袋高低大小左右对称，兜牙顺直，袋角方正，封口牢固。⑨明线不准接线。针号、针距：针号：11 号；针距：明线：3cm/12 针　暗线：3cm/12 针；码边：3cm/13 针
粘衬部位	领面、兜牙、兜牌、袖牌、前止口牌、贴边、领花、止口、贴边兜位、腰兜兜位、里兜牙，粘衬之前请先做试验，掌握好粘衬条件
加棉部位	身两层棉子，领、袖各一层棉子
锁钉	①左、右袖牌各锁一个 1.8cm 带结圆眼，夹心线；各钉两个 1.5cm 扣，0.5cm 线脖。②活里夹共钉 11 个 1.5cm 扣，钉扣透一针，不透面，线脖 0.3cm；贴边和领花共锁 11 个 1.8cm 直眼。③身夹小鼻，活里袖窿处钉两个 1.5cm 扣，线脖 0.3cm
缝制	①后中为 1.5cm 缝份，其余缝份均为 1cm。②码边：身里侧缝双码，活里侧缝单码

包 装 物		
名称	有 / 否	使用部位
吊牌	有	
吊粒	有	
合格证	有	
质量吊牌	有	
补修袋	有	
防辐射吊牌	有	
衣架	有	
塑料袋	有	

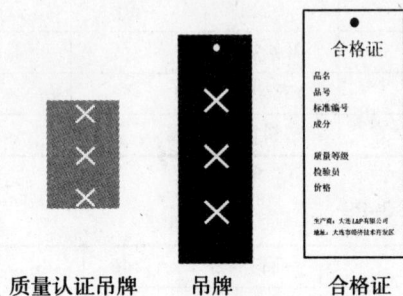

质量认证吊牌　　　吊牌　　　合格证

包装方法：

①需挂吊牌、质量吊牌、补修袋、合格证。

吊粒穿过吊牌、质量吊牌、补修牌、合格证，然后插入吊粒的"S"端，吊粒的"T"端挂在棉衣的拉链头上。

②装补修袋：补修袋装面料小样 8cm×8cm一块、1.5cm扣一个。

③挂衣架，装塑料袋包装。

主商标

领吊商标

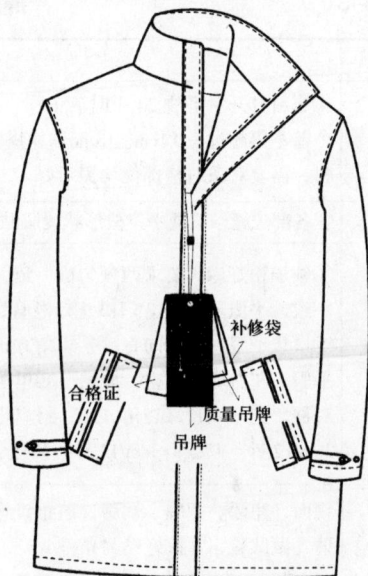

图 3-19　包装物、包装要求及方法

例8　男西裤工艺指示书（图3-20~图3-22，表3-32~表3-34，图3-23）

×× 服装生产厂技术档案

生产工艺指示书

合　约　号：_____　　　客户名称：_____

产品编号：_____　　　设　计　者：_____

产品名称：**男西裤**　　　样品制作：_____

制　板　者：_____　　　工艺编制：_____

推　板　者：_____　　　审　核　者：_____

样板编号：_____　　　保密级别：_____

保管期限：_____　　　共计页数：_____

×× 服装公司技术部

年　　月　　日

图3-20　封面设计

款式图：

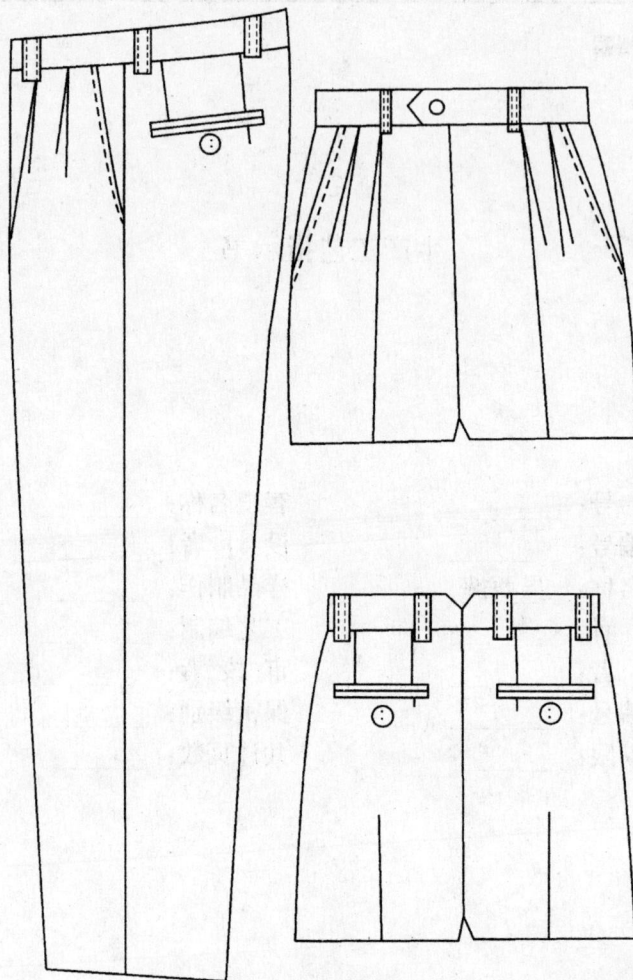

款式说明：

①本款西裤前片、后片均有两个省

②前片左腰头伸出 4cm 尖头，锁一个扣眼，距边 1.5cm，用 1.5cm 扣；后腰中心开衩，下端打结

③前片无拉布，有裤膝，右侧兜内有一个硬币兜，规格为 8cm×8cm×9cm；右后兜内有洗涤说明

④侧兜为斜插兜 16cm；后兜双牙，锁眼 / 钉扣 1.5cm

⑤73～82cm 腰围 6 根祥带，85～107cm 腰围 8 根祥带

⑥祥带要三折，有明线，长 4.5cm，宽 1cm

⑦侧兜明线 0.6cm，上下端打结

⑧门刀处打结，门刀明线通上，宽 3.5cm，下片 0.1cm 明线到腰缝处

⑨裆底有菱形裆布，前片有裤膝

⑩前门刀明线与侧兜 0.6cm 明线都是星缝线

图 3-21 产品外观及款式标准

解剖图：

1.5

73~82　6根祥带　　73~82　6根祥带　　裤勾

1.5

1.5

1.5

打D形结

1.8　　1.5

6.5

洗涤

打结

1

1.5

左右居中
高低与大防滑贴

商标　　两端卡线　0.1+0.6
防滑贴　　虫结　　天狗扣　裤勾

1.5

裤膝　祥带不要钉到网布上　网布要扦到缝份上

10　　10

手缝

缝上

平缝机缝上

18

0.6明线

6

1.5

16

14

裆布

细节图示：

1

4.5

正面　侧面

背面

向下封死3
斜下1

卡0.1线

0.7明线

码边

8

2

0.1明线

8

3.5

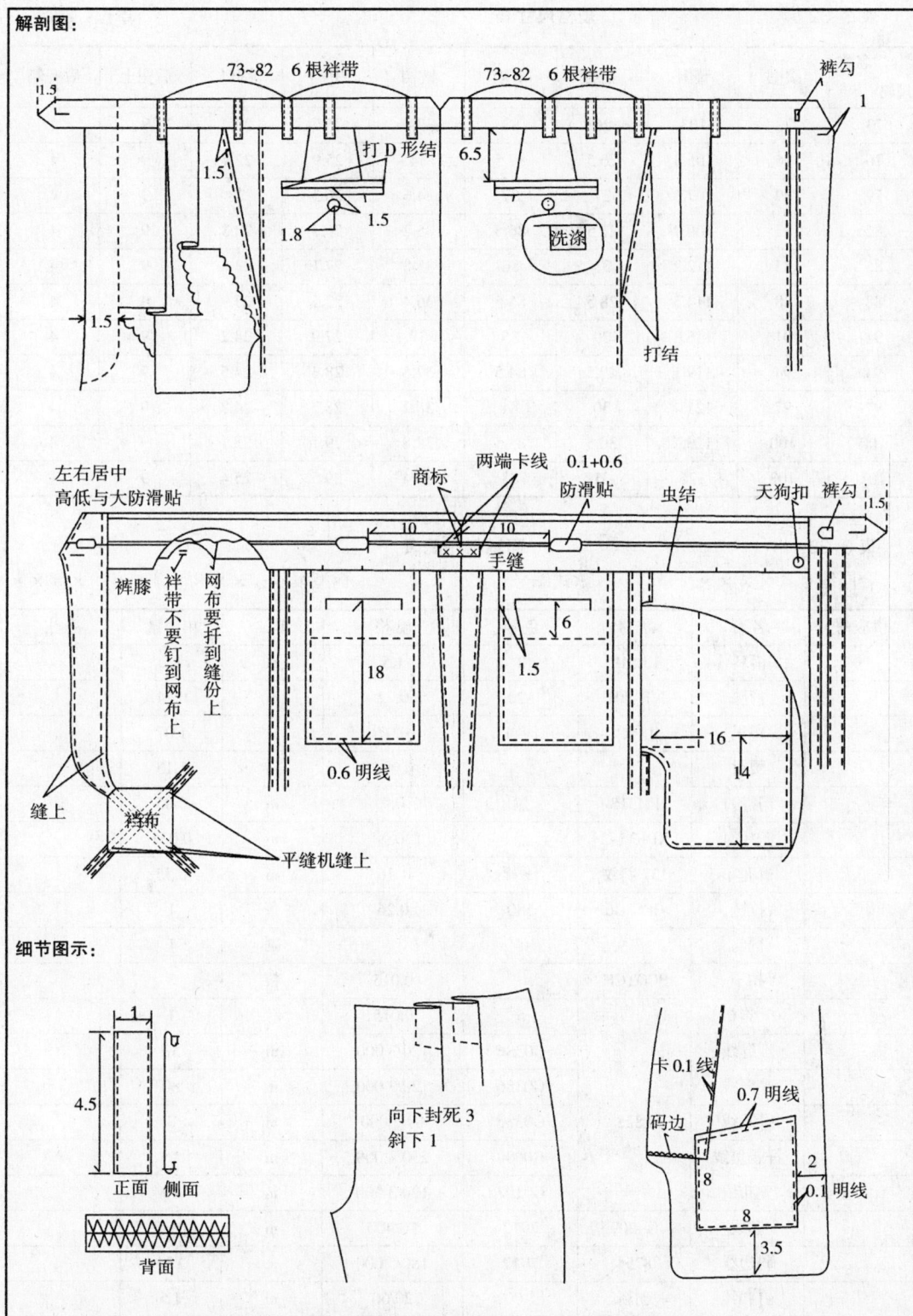

图 3-22　产品解剖图　　单位：cm

表 3-32　　　　　　　　　　　　　规格尺寸表　　　　　　　　　　　　　单位：cm

名称\规格	腰围	臀围	上裆	下裆	横裆	中裆	裤口	后兜上	后兜侧
73	73	103	26	88	33.4	25.5	22.4	9	4
76	76	105.3	26.5	87.5	34	25.9	22.7	9	4
79	79	107.6	27	87	34.6	26.3	23	9	4
82	82	109.9	27.5	86.5	35.2	26.7	23.3	9	4
85	85	112.2	28	86	35.8	27.1	23.6	9	4
88	88	114.5	28.5	85.5	36.4	27.5	23.9	9	4
91	91	116.8	29	85	37	27.9	24.2	9	4
94	94	119.1	29.5	84.5	37.6	28.3	24.5	9	4
97	97	121.4	30	84	38.2	28.7	24.8	9	4
100	100	123.7	30.5	83.5	38.8	29.1	25.1	9	4
103	103	126	31	83	39.4	29.5	25.4	9	4

表 3-33　　　　　　　　　　　　　面辅料搭配表

合同编号：××××　　　　　　款式编号：××××　　　　板型编号：××××　　　　　××××

供应商	名称	品号	色号	规格	单位	单用量	备注
	面料	13.819	2	1.5	m	1.2	
	裤膝	NT-701	120	0.72	m	0.74	
	腰里	L-02	浅黄	0.07	m	1.07	
	腰衬			0.033	m	1.13	
	门襟衬	FM318	黑	0.9	m	0.05	
	兜牙衬	KP-35-2	黑	0.9	m	0.035	
	裤兜布	137 斜纹	浅黄	1.16	m	0.55	
	拉链	CFC-36	580	0.26	条	1	
	裤勾				副	1	
	扣子	SCOTCH		0.015	粒	3	
	天狗扣		5	0.015	粒	1	
	环缝线		G0386	120/3 000	m	50	
	平缝线		G0386	120/3 000	m	80	
	锁眼线	F828	G0386	60/2 000	m	7	
	扦腰里线		G0009	230/3 000	m	15	
	兜布线		G0107	120/3 000	m	40	
	芯线	G-209	7912	10/400	m	0.05	
	码边线	8754	7912	180/5 000	m	150	
	钉扣线	创新	黑 002	20/60	m	1.5	
	钉天狗扣线	创新	白色	20/60	m	0.5	

续表

供应商	名 称	品 号	色 号	规 格	单位	单用量	备 注
	手缝线		白	500	m/束	0.5	
	商标			0.8cm×6.5cm	个	1	
	面料商标				个		
	洗涤标				个	1	
	双面胶条			0.01	m	0.5	
	吊牌				个	1	
	吊粒				个	1	
	修补袋				个	1	
	扦检牌				个	1	
	防伪标				个	1	
	合格证				个	1	
	裤夹				个	1	
	塑料袋			100cm×65cm	个	1	
	不干胶贴			5.4cm×1.9cm	个	1	
	防滑贴			大	个	2	
	防滑贴			小	个	1	

表 3-34   **操作要求及质量标准**

项目	要　求
技术	(1) 机缝工艺方面：①各部位机缝要根据缝份大小进行，并保证缝份宽窄一致。②根据工艺规定的针距密度操作。③机缝缝子不吃、不抻，上下层松紧度一致。④缉缝线路顺畅、整齐、牢固、平板。(2) 熨烫工艺方面：①熨烫中的归拔适度，要符合造型要求，熨烫时不损伤衣料。②进行归拔时，要保证不伤衣料，并达到臀部圆顺，裆部平服。 (3) 手缝工艺方面：①手缝线迹要平顺，针顺、针法符合产品规定和要求。②手缝线路要顺畅、整齐、牢固、美观、松紧适度
质量	①各部位的熨烫要平整，裤线要烫实。裆部、腰部、裤腿、裤口要熨平整。②产品整洁，要求产品的里面和外面，尤其是外观无水花、亮光、油污、粉印、线钉等。③侧缝与裆缝相对，中央裤线不偏不斜。④臀位圆顺，裤腿长短一致，规格符合质量标准。⑤腰头左右对称，宽窄一致，腰头衬面服帖，腰头直顺，松紧适宜。⑥穿带长短、高低位置一致，商标端正。⑦小裆圆顺，裆布及裤底平服，封结牢固，整齐。门襟长短一致、平服。⑧左右袋高低对称，袋口松紧适度，封结牢固；⑨后袋袋口整齐，开线宽窄一致，省缝左右对称
裁断	①布料打开后平放 24 小时后工作。②拉布要平缓。③裁片刀路要清楚。裁片的四周，无论是哪条边都要开得顺直、圆顺，不能有缺口或锯齿形。④裁片准确，裁片各边的直、横线条，弧度、曲线与样板要相符，需要对称的裁片要左右对比，对称相符。⑤面辅料搭配要一致（与色卡对照）。⑥打号准确，以免色差串号。⑦排板准确，搭配合理，对料排板
缝制	与样板一致

包　装　物		
名称	有 / 否	使用部位
商标	有	见图
洗涤标	有	见图
吊牌	有	见图
合格证	有	见图
纤检牌	有	
防伪标	有	
补修袋	有	见图
裤夹	有	见图
防滑贴（大）	有	见图
防滑贴（小）	有	见图

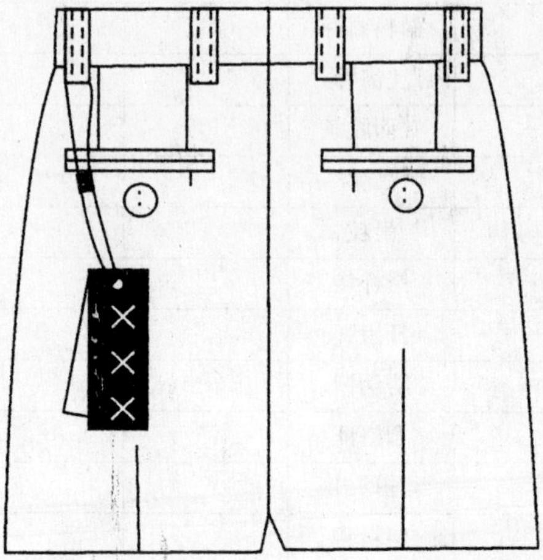

包装方法：

①需要合格证、吊牌、补修袋，挂法如图。

②补修袋内装脚磨布两块，规格 20cm×5cm，扣子一粒。

③需挂"纤检牌"，同"合格证"挂在一起，把合格证的棉绳穿过纤检牌打孔处。两卡同挂于后兜扣处。同时，合格证反面中下部位贴防伪标。

④单裤挂夹裤包装。

⑤套装裤搭到衣架横梁上后翻折，与上衣配套包装。

图 3-23　包装物、包装要求及方法

第四章
裁剪工艺流程

　　裁剪是服装进入缝制流程前的准备工序，其任务是把整匹服装材料按所要投产的成衣样板切割成不同形状的裁片，供缝制使用。

　　裁剪工艺流程包括面辅料的检测、排料、画样、拉布、裁剪、验片、打号、捆扎、投送等工艺过程。裁剪工艺流程是服装生产的基础性工作，它不仅直接影响成衣质量的好坏，而且决定着用料的消耗。生产前对面辅料进行检验和测定，可有效地提高服装的正品率，保证成衣质量。因此，要有科学的工艺要求，严格的生产技术流程管理，以确保裁剪工艺高效优质。

一、裁剪工艺流程图

　　裁剪工艺流程如图 4-1 所示。

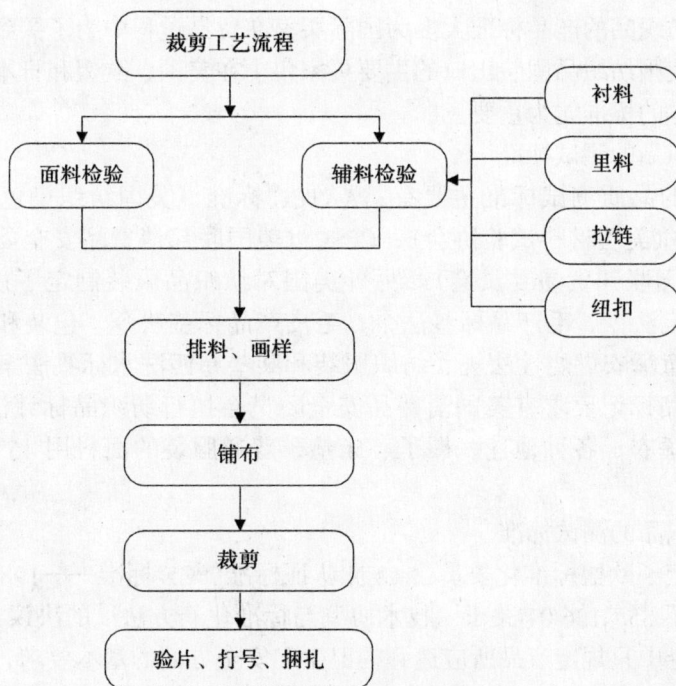

图 4-1　裁剪工艺流程

二、制定面辅料检验标准的依据

面辅料的质地好坏是成衣生产加工企业正常运转的有力保证，那么原材料的检验就显得尤其重要。

如何制定合理的检验标准，这是服装生产加工企业的一道难题。就多数企业来说，生产用的原材料主要来自两个方面，来料加工和自行采购。

所谓来料加工也就是说生产所用原材料（面辅料）均由客户提供，因此我们将该部分面辅料称为客供面辅料；自行采购即生产所用原材料（面辅料）需要生产加工企业在国内外自行采购，因此我们将该部分面辅料称为自采面辅料。有时客户也提出部分来料部分采购的要求。

面辅料的检验标准主要以客户的要求来定，所以针对这种情况，生产企业的面辅料检验标准通常分客供面辅料和自采面辅料两部分。而由于客户的要求及各企业的条件有所不同，不同企业所制定的面辅料检验标准也会有所差别，用于国内贸易的服装材料检测标准需要依据国家标准、行业标准来制定，用于国际进出口贸易的服装材料检验标准需要依据目的国的国际标准来制定。原则上要具有可操作性，在保证质量的前提下，尽可能简化操作程序。

1. 国际服装纺织品的检测标准

纺织品服装的国际标准实际上多为基础标准和测试方法标准，而大家都关注的产品标准很少。服装纺织品的产品标准大多为国际买家在贸易过程中为了买到优质产品而制定的买家标准，我国纺织品服装出口的主要买家集中在美国、欧盟和日本，因此要熟悉美国、欧盟和日本的标准尤为重要。

（1）美国纺织品的测试标准

美国纺织品的品质测试标准主要有：AATCC 标准（美国纺织染色家与化学家协会），ASTM 标准（美国材料试验协会），CPSC（美国联邦消费品安全委员会）和 FTC 强制性标准（美国联邦贸易委员会）。另外美国对纺织品服装制定了许多技术法规：纺织纤维产品鉴定法令、毛产品标签法令、毛皮产品标签法令、包装和标签法，织物可燃性法规、儿童睡衣燃烧性法规、纺织服装和某些布匹洗水标签法案、羽绒产品加工法规等。纺织品标记要求有美国消费品安全委员会执行纺织品标计法，该法包括：普通服装、儿童睡衣、各种地毯、褥子、床垫，普通服装的面料用 45°角测试，并分为三个等级。

（2）欧盟纺织品的测试标准

欧盟先后制定了欧盟标准化委员会 CEN 认证标准、CE 标准——1985 年 5 月 7 日，欧洲理事会批准了 85/C136/01 关于《技术协调与标准化新方法》的决议。该决议指出，在《新方法》指令中只规定产品所应达到的卫生和安全方面的基本要求，另外再以制定协调标准来满足这些基本要求。协调标准由欧洲标准化组织制定，凡是符合这些标准的产品，可被视为符合欧盟指令的基本要求。

欧盟各成员国有自己的法规和标准，与欧盟统一的法令法规无论在技术要求还是在条件上都稍有差异。英国作为现代纺织业发源地之一，其纺织标准体系除了相当完善的英国标准（CBS）外，还有一套（BSBN）标准体系。德国标准（DTN）也相当严格和完备，目前的有害物质控制标准就来源于 DIN 标准。德国 1992 年 6 月颁布"德国包装废弃物法令"，其重点是要求废弃物的循环利用，同时坚持污染付费的原则。批发商和零售商在运输和采购产品之后有责任回收任何可移动的包装废弃物，这一法令被欧盟采纳。绿色生态标准 1995 年颁布、1996 年 10 月实施的 ISO14000 系列标准体系，是由发达国家控制的国际标准化组织根据发达国家的技术水平量身定做的。一旦国际市场要求这一标准全面生效，它将成为国际贸易中又一个具有隐蔽性的非关税壁垒。它要求产品从开发、设计、加工、流通、使用、报废处理到再生利用整个生命周期都要达到这一环境管理系统所规定的技术标准，体系有效运行相当严格。欧盟纺织品市场所采用的环保生态标签制作依据通常选择相关要素来评价，主要有禁止规定、限量规定、牢度等级、主要评价指标等几种形式，其共同点是必须保证那些采用环保生态标签的纺织品是已经检验且不含有害物质，并标示所采纳的环保标准，而且都以各种醒目的符号和图案来引人瞩目，以求达到广为人知的目的。例如在欧洲市场久销不衰、扬名甚久的丹麦 Novotex"绿色棉布"，其环保标签内容上明确标示，Novotex 保证：使用手工采摘；氧化漂白；非重金属染料染色；机械成衣确保尺寸恒定。

（3）日本纺织测试标准

日本对纺织品服装的品质非常挑剔，进入日本市场的纺织品，必须满足很多名目繁多的强制性技术标准的要求，如国家规格、团体规格、任意质量标准。其贸易商有一套严格的产品质量标准作为审核的依据，主要有三种规范：一是日本工业标准（JISL），二是产品责任法（P/L），三是产品品质标准制定。并且要求生产商在指定的质量检测机构取得合格认证。

日本还有多种纺织纤维和服装的标志。例如，Q 标志（quality）是日本的优质产品标志，SIF 标志（财团法人缝制品检查协会）是对优秀制品认可和推荐的标志。

日本实施的《制造物责任法》规定：只要证明制品缺陷与事故的因果关系，不论制造商是否有过失，受害者都可申请赔偿。日本政府以立法形式颁布消费者权益保护法，对纺织品服装上检出有残断针的生产者，消售者实行重罚。日本客户已明确要求我国生产的服装对缝针、大头针、断针等进行检验，检针完毕在箱外贴上相应的标记。

（4）国际纺织品测试标准及检测项目的新发展

国际的纺织品服装标准体系在基础检测方法的修订，每年都会有。其中包括一些缺陷的修订，新内容的增添和不适应标准的废除。在纺织服装贸易中，目前最受关注的国际标准中技术性标准法规主要有两方面，一是纺织品和服装标签法规，二是安全、生态和环保法规。特别是安全、生态和环保标准，西方各国越来越重视，我们不能仅仅看作为贸易中的绿色壁垒，这是人类技术与社会文明发展的必然趋势。其中美国强调安全、欧盟强调生态和环保。

2. 我国服装纺织品的检测标准

我国的服装首先要达到国家强制标准（GB 1840—2003）和国家纺织产品基本安全技术规范（2003.11.27 发布 2005.1.1 实施）。

GB/T 2912.1　纺织品　甲醛的测定　第 1 部分：游离水解的甲醛（水萃取法）

GB/T 3920　纺织品　色牢度试验耐摩擦色牢度（GB/T 3920—1997，eqvISO105–X12：1993）

GB/T 3922　纺织品　耐汗渍色牢度试验方法（GB/T 3922—1995，eqvISOl05–E04：1994）

GB/T 5713　纺织品　色牢度试验耐水色牢度（GB/T 5713—1997，eqvISO105–E01：1994）

GB/T 7573　纺织品　水萃取液 pH 的测定（GB/T 7573—2002，ISO105–E01：1994，MOD）

GB/T 17592.1　纺织品　禁用偶氮染料检测方法

GB/T 18886　纺织品　色牢度试验　耐唾液色牢度

GB 18401　6.7　异味试验方法

由中华人民共和国国家质量监督检验检疫总局制定，于 2002 年 2 月 1 日实施的 GB/T 2664—2001（男西服、男大衣）标准规定了对以毛、毛混纺、毛型化学纤维等织物为原料，成批生产的毛呢类服装中男西服、男大衣的要求、检验（测试）方法、检验分类规则，以及标志、包装、运输和贮存等全部技术特征。面料按 FZ/T24002、FZ/T24003、FZ/T24004、FZ/T24008 或有关纺织面料标准选用；里料采用与面料性能、色泽相适合的里料，特殊需要除外；辅料衬布采用适合所用面料的衬布，其收缩率应与面料相适宜；垫肩采用棉或化纤棉等材料；缝线采用适合所用面辅料、里料质量的缝线；钉扣线应与扣的色泽相适宜；钉商标线应与商标底色相适宜（装饰线除外）；纽扣、附件采用适合所用面料的纽扣（装饰扣除外）及附件；纽扣、附件经洗涤和熨烫后不变形、不变色。

2008 年 11 月全国服装标准化技术委员会在泉州市组织召开标准审定会议。标准起草小组根据专家意见修改了国家标准《男西服、男大衣》的部分技术内容。其中理化性能要求（1）增加了 pH 值、可分解致癌芳香胺染料、异味等考核要求，技术指标与国家强制性标准 GB 18401 保持一致。

三、面辅料检验标准的制定

服装面料的检验分外观质量检验和内在质量检验两大类。外观质量检验主要包括面料数量的复核、检验及面料疵病检验，内在质量检验主要包括伸缩率、色牢度和耐热性能的检验。

1. 面料外观质量检验

（1）数量的复核与检验

①检验原料生产厂出厂的品名、数量、原料两头印章、合格等标记是否完整。

②圆筒卷料包装的原料，一般应该在量布机上复核，折叠包装的原料，先量折叠长度，然后再数层数与标签是否一致。

③有一些按重量计算的原辅材料（如针织物、定型或不定型的填充材料等）同时应该过秤来复核重量与单位面积重量（g/m²），以计算数量。

④校对门幅规格，按幅宽差 0.5cm 分档，以便排料合理使用。

（2）疵病的检验

此工序又称为检料、看料，主要任务是检验原料中的疵病（织造疵点、染整疵点、印花疵点、纬斜等），在疵点位置做出标记以便合理使用面料。

①色差：色差主要有两种，即边色差和段色差。肉眼观察相隔 10m 左右，将坯布左右两边的颜色对比，同时也与门幅中间的颜色对比；整匹布还要进行头、尾、中三段色差比较，色差等级按国家标准，采用 GB 250 评定变色用灰色样卡。

②纬斜与纬弯：是由于经纱与纬纱成不垂直状态而影响外观质量的疵病。

③疵点：根据各品种制定的国家标准、专业标准和企业标准进行检验。根据原料包装的不同，分为几种，如圆筒卷料和双幅原料要在验料机上进行检料，操作者借助照明对全幅原料目测，发现色条、横档、斑渍、破损、边疵、轧光皱、织疵等要做好标记；折叠面料，布匹平放在检验台上，从上到下，从正面观看。

2. 面料内在质量检验

（1）伸缩率

织物受到水和湿热等外部因素的刺激，纤维从暂时平衡状态转到稳定的平衡状态，在这个过程发生的伸缩称之为伸缩率。其数值的大小是制作样板放长和放大的主要依据。伸缩率大小主要受纺织生产过程中所受机械力的大小和织物的密度影响。伸缩率的测试主要有两种，即自然缩率和湿热缩率。

①自然缩率：织物没有任何人为作用和影响，在自然状态下受到空气、水分、温度及内应力的影响所产生的伸缩变化称为自然伸缩。

测试方法：将原料拆散，取出整匹，测量原料长度及幅宽，并做好原始记录，自然放 2 个小时后复测，计算伸缩率。

②湿热缩率：由于受到湿热等外部因素的作用而使织物产生收缩，称之为湿热收缩。它又有干烫缩率和湿烫缩率之分。

a. 干烫缩率：面料在干燥受热条件下的收缩程度。

测试方法：原料端部去掉 1m 以上，量取 50m 长的原料，除去布的两道边，记好长度、幅宽。根据织物种类不同选择干烫试验温度（干烫时间为 15s），冷却后测量长度、幅宽，计算干烫缩率。

下面是几种常用面料大类的干烫试验温度，供参考：

印染棉织物：190~200℃　　　　合成纤维及混纺印染布：150~170℃

粘料印染布：80~100℃　　　　印染丝织品：110~130℃

毛织品：150~170℃

b. 湿烫缩率：织物给水进行熨烫所产生的收缩率。测试方法有喷水熨烫测试和盖湿布熨烫测试两种。

ⅰ．喷水熨烫测试法

采样：在布匹的头部或尾部除去 1m 以上，并除去布的两道边，取 50cm×50cm 的布匹作为试样。

在试样上用清水喷湿，注意水分分布要均匀，然后用熨斗在试样上往复熨烫，时间控制在熨干为宜。温度条件与干烫测试相同。待试样晾干后，测量其长度和宽度，并计算收缩率。

ⅱ．盖湿布熨烫测试法

采样：同喷水熨烫测试法。

将一块去浆的毛白平布清水浸透，拧干备用。把湿布盖在试样上，按照温度条件，用熨斗在试样上来回熨烫，时间控制在盖布熨干。待试样晾干后，测量其长度和宽度，并计算收缩率。

（2）色牢度

色牢度是染色织物在加工穿着过程中经受各种外力作用时，织物对这些外力作用的抵抗性。由于外力作用的形式不同，色牢度的种类也很多，应用于服装的色牢度主要有熨烫色牢度、洗涤色牢度和摩擦色牢度。

①熨烫色牢度：染色织物经过熨烫，有时会出现变色或褪色，熨烫色牢度测试是以对其他织物的粘色程度来确立的，分干法试验和湿法试验两种。

②洗涤色牢度：洗涤色牢度是指有色织物经水洗后颜色褪色的程度。测试时将试样与粘色布缝在一起，然后放在清水或一定温度的洗涤液中，在机械或人工搅拌下，按规定的时间和浸渍洗涤条件试验后，观察其粘色程度。

③摩擦色牢度：有色织物经摩擦后的染色牢度，有干摩擦色牢度试验和湿摩擦色牢度试验两种。测试时将试样两端用夹具固定在垫呢上，用包有棉细布的试棒在试样上摩擦，观察试验其粘色程度。

（3）耐热性

耐热性也称耐老化性，指织物在高温加工条件下，织物的物理、化学性能发生老化或损害的程度。面料的耐热性能对服装裁剪及缝制工艺参数的设计及设备的选择具有较大影响。

3. 辅料的检验

服装常用辅料包括衬料、里料、拉链、纽扣以及金属扣件等。服装辅料的质量好坏直接影响服装的外观与内在品质，因此，辅料的检验与质量控制具有重要意义。辅料检验应依据不同的辅料类别而定。

（1）衬料

服装衬料包括衬布与衬垫两种。在服装衣领、袖口、袋口、裙裤腰、衣边及西装胸部加的衬料为衬布，通常称为粘合衬，可分为有纺衬布与无纺衬布两大类。在肩部为了体现肩部造型使用的垫肩及胸部为增加服装挺括饱满风格使用的胸衬均属衬垫材料。衬料是服装的骨骼，能够增强服装的强力，并使服装饱满美观；另外，衬布的使用还可以增强服装的可缝纫性能，易于缝纫操作。

对于衬垫材料的检验主要是考虑其形状的保持性，确保在一定的使用时间内不变形。对于粘合衬的检验主要测试缩水率与粘合牢度两项指标。

选择与使用服装衬料时应注意：

①衬料的性能与服装面料的性能要相配，这里的性能主要是指衬料的颜色、单位重量与厚度、悬垂等。如法兰绒面料要用厚衬料，而丝织面料则用轻柔的丝绸衬，针织面料则用有弹性的针织（经编）衬布等。

②考虑服装造型与服装设计的要求，硬挺的衬料一般用于领部与腰部等部位，外衣的胸衬则使用较厚的衬料。

③考虑服装的用途，如有些需经过水洗的服装则应选择耐水洗的衬料，并考虑衬料的洗涤与熨烫尺寸的稳定性。

（2）里料

服装里料是指服装最里层的材料，通常称为里子或夹里。里料是为了补充单用面料不能获得服装的完备功能而加设的辅助材料。根据制作工艺，里料可分为活里、死里、全夹里和半夹里等类型。

①活里：是经过加工后里与面可以分开的组合形式。具有拆洗方便的特点，有些面料如织锦缎、金银锻等不宜洗涤，就要求必须采用活里。

②死里：是指里和面缝合在一起不能分开的组合形式，大多服装采用这种形式。相比较而言，死里工艺简单，制作方便。

③全夹里：是指整件服装全配装夹里的形式。一般冬季服装和比较高档的服装大都采用全夹里。

④半夹里：是指在服装经常受到摩擦的部位，局部配装夹里的形式。一般比较简单的服装配装半夹里的较多。

服装里料的质量检验主要包括检验材料的外观质量和内在的伸缩率、色牢度、耐热度等性能。

（3）拉链

拉链的类别很多，可以按照链牙的材质、拉链的使用功能以及拉链的加工工艺等对拉链进行分类（表4-1）。

表4-1　　　　　　　　　　　　　　拉链的分类

分类方式	拉链种类	拉链名称		
材质类别	金属拉链	铜拉链、铝拉链、铸锌拉链		
	树脂拉链	注塑拉链（聚甲醛）、强化拉链（锦纶）		
	涤纶拉链	螺旋拉链、隐形拉链、编织拉链		
		双骨拉链		
功能类别	条装拉链（支装）	闭尾拉链	单头闭尾拉链	
			双头闭尾拉链	
		开尾拉链	单头开尾拉链	
			双头开尾拉链	

分类方式	拉链种类	拉链名称
功能类别	条装拉链（支装）	双拉头拉链
	米装拉链	以 100m 为一条，或以 100 码为一条
加工工艺类别	注塑成型	注塑拉链
	连续冲压成型	铜拉链、铝拉链
	加热挤压成型	强化拉链
	加热缠绕成型	螺旋拉链、隐形拉链、编织拉链、双骨拉链
	熔化压铸成型	铸锌拉链

拉链的质量检验主要包括拉链的轻滑度、平拉强度、折位强度、色牢度、伸缩率与使用寿命等。

（4）纽扣

纽扣的种类繁多，根据其特点大致可分为合成材料纽扣、天然材料纽扣及金属纽扣。纽扣主要包括检验其外观质量和色牢度、耐热度等性能，金属纽扣还要测试防锈能力。

四、裁剪方案的制定

裁剪方案是指有计划地把订单中的服装数量和颜色合理地安排，并使面料的损耗减至最低的裁床作业方案。主要包括排料方式（见第二章排板）及铺布方式。

1. 影响裁剪方案制定的因素

制定裁剪方案是为了提高生产效率，尽可能节省面料，提高面料的利用率。在制定裁剪方案时应考虑以下因素：

（1）面料的颜色匹数

如果某种颜色的匹数少，排料长度不宜长，否则拉布层数会很少，会增加印票和捆扎时间。

（2）成衣的用布量

在排料前，要了解成衣的单件用布量，排料长度应与之配合。

（3）拉布层数

根据面料质地及厚薄来决定拉布的层数。

2. 排料、铺布

铺布是指铺料，根据裁剪方案所规定的拉布层数和长度，将面料一层层铺放在裁床上。

排料、铺布的工艺技术要求如下：

（1）丝缕顺直

排料时注意面料的丝缕顺直以及衣片的嵌纱向方向是否符合工艺要求，对于起绒面料（例如丝绒、天鹅绒等）不可倒顺排料，否则会影响服装颜色的深浅。

（2）布面平整

必须使每层面料十分平整，布面不能有挤皱、波纹、歪扭等情况，面料本身的特性是影响布面平整的重要因素，表面起绒、光滑、涂层面料要注意。

（3）布边对齐

铺料时，要保证每层面料的布边上下垂直，不能有参差错落的情况，否则会造成裁剪废品，铺料时以面料的一侧为基准，通常称为里口，要保证里口布边上下对齐，最大误差不超过±1cm。

（4）减少张力

铺料时尽量减少拉力，防止面料拉伸变形。

（5）方向一致

对于有方向性的面料要注意拉布的方向性。

（6）对正条格

对于条格面料，每层面料上下条格对正，对需要对格的关键部位使用定位挂针。

（7）铺布长度准确

以划样为依据，原则上与排料图的长度一致，铺料时我们一般使面料长于排料图0.5~1cm。

五、裁　剪

裁剪是服装生产中的关键工序。在此之前所进行的大量工作能否获得实际效果，以后的各项加工是否能顺利进行，都取决于裁剪质量的好坏。在整个生产过程中，裁剪具有承上启下的作用，保证裁剪质量是决定产品质量与生产效益的关键，因此，对其工艺技术与加工设备都有很高的要求。

1. 裁剪的工艺要求

（1）裁剪精度

所谓裁剪精度是指裁出的衣片与样板之间的误差大小，二是指各层衣片之间误差的大小，三是指剪口、对位孔打得是否准确。掌握正确的操作技术可以提高裁剪精度：

①先小后大。

②裁到拐角处应从两个方向分别进刀。

③轻压面料以免面料各层之间移动。

④刀要垂直，锋利清洁。

（2）控制温度

高速裁剪、多层铺料易产生高热，而且热量不易散失，对于耐热性较差的面料会在裁片边缘出现变色、发焦、粘连现象，严重影响裁剪质量。因此，耐热性差的面料要使用速度较低的裁剪设备，同时适当减小拉布层数或者间断地进行操作。

2. 裁剪加工的方式及设备

（1）电剪裁剪

电剪裁剪是目前服装生产中最为普遍的一种裁剪方式。人工控制刀的运动方向，分为直刀型和圆刀型两种。

①直刀。直刀电剪在服装生产中适用范围非常广泛，对各种材料、各种形状（直线或曲线）都可以自如地进行裁剪，裁剪厚度可以由几十层至几百层，是服装生产中的主要裁剪设备。电动机的速度有每分钟 3600 转、2800 转、1800 转三种，常用裁刀长度为 13~33cm。

②圆刀。裁剪能力取决于裁刀直径的大小，一般裁刀直径为 6~25cm。具有体积小、灵活、方便、连续的特点，比直刀速度快、效果好，但不适于裁曲率大的部位。

（2）台式裁剪

台式裁剪也称带刀裁剪，将宽度为 1cm 左右的带状裁刀安装在裁剪台上，由电动机带动连续工作。裁剪时，操作工手推面料层，使裁刀沿纸样线痕裁割。台式裁剪精确度高，特别适合裁剪凹凸较多、形状复杂的衣片，但体积大，较为笨重。

（3）冲压裁剪

精确度非常高，可以非常准确地一次裁剪出若干衣片，但需要模具，加工成本比较高，适用于款式固定，批量大的产品。

（4）非机械裁剪

利用光、电、水等其他能量对面料进行切割。

（5）钻孔机

用于定位打孔，钻头高速旋转，温度高，作用激烈，耐热性差的面料不适宜打孔。

六、验片、打号、捆扎

1. 验片

验片就是检查裁剪质量。具体包括如下内容：

①裁片与样板的偏差（尺寸、形状），尤其是重要部位。

②最上层裁片与最下层裁片的偏差。

③刀口、定位孔是否准确、清楚，有无漏剪。

④对条格面料的条格是否对好。

⑤裁片边际是否光滑、圆顺。

2. 打号

打号是将衣片按某一固定的规律进行编号，以数字的形式打在裁片反面边缘处。打号的目的是为了避免在同一件衣服中出现色差，保证同规格衣片的缝合。

3. 捆扎

将裁片包扎成捆，要求方便生产，提高效率，裁片分组适中。

西装裁剪工艺流程及工艺要求（表4-2）。

表 4-2　　　　　　　　　　　　西装裁剪工艺流程及工艺要求

1	仓库领料	首先点料，按来料单核对颜色及米数
2	面料缩绒	按照技术指定的温度、压力、速度，每捆进行缩绒，缩绒后的面料存放12小时才能进行验料卷捆，使面料纱织自然伸张
3	检验面料	检验面料疵点及粗纱、花色等现象，如需换片的部位穿黄线做标记并做好记录 确认面料是否花色的方法：将每捆面料裁下30cm长面幅的宽度分成6份，1和6拼接，2和5拼接，3和4拼接，再将3对随意拼接一起检查是否有差色现象。缠好后要标上可查的数据卡片，放在面料架上，对号入座
4	按生产计划单拉布	无条格面料，根据指示单、样卡、工艺标准对照面料，根据技术排板的板长确定拉布的板长，下面按板长垫上牛皮纸，自动拉布机双跑拉布，两侧布边对齐、平整，发现验料穿线的疵点做好标记（放一张纸）。拉完每板按层数、件数做好记录 注意：①原料有折印先熨平；②拉布时不能有松有紧；③面料架上的卡片要及时取下放在固定位置，第二天送给验料员
5	自动裁床	按照排板图核对规格号、板长及件数准确无误后进行切割，并在切割后的裁片上粘上板头贴，标明方向，规格号，而且对裁片进行检验，按样板对照裁片，有误差及时修正，再将上衣和裤子分类，分板次号，裤子直接打号
6	领子找纱向	平板面料，靠领外口上端找横纱向，并排3根针在一根纱向线上穿线固定 0.3~1.0cm的竖条面料，靠领外口上端找横纱向，并排3根针在一根纱向线上，中间的一根针下端再扎一根针确定竖纱向。共计四根针穿线固定 1.0cm以上的条格面料，靠外口上端找横纱向，并排3根针在一根纱向线上，靠内口下端与上端相同方法垂直再扎3根针共计6根针穿线固定
7	测试粘衬温度、压力、时间	根据面辅料的性能测试前片、贴边、领面、腰兜盖等部位的粘衬温度、压力、时间确认无误后批量生产才可粘合。注意：面料透胶或水波纹现象
8	前片粘衬料	衬料距裁片止口、串口线、肩缝、袖窿各0.2cm，自然放平在前袖窿弯度部位，添加一片与前片相同的衬料，防止弯度抻长变形，进入粘合机粘合
9	前片粘合后检片	将止口和串口部位摆齐，其他部位自然放平
10	贴边粘衬料	衬料距止口、串口线各0.2cm，自然放平进入粘合机粘合
11	贴边粘合后检片	将止口和串口部位摆齐，其他部位自然放平
12	领面粘衬料	领头两端粘衬料，衬料距领外口和领头各0.2cm自然放平，进入粘合机粘合。注意：领面纱向要垂直
13	领面粘合后检片	将领面四周对齐摆放
14	腰兜盖粘衬料	衬料四周比面料小0.2cm，自然放平粘合
15	腰兜盖粘衬后检片	将四周对齐摆放
16	后片肩和底摆粘衬料	后肩粘衬料按肩线、袖窿、后领窝各往里0.2cm，自然放平使用熨斗粘衬料 底摆衬衬方法（衬料宽度4cm）：衬料过折边剪口1cm，自然放平使用熨斗粘衬料。注意：肩线部位不要超过面料，衬料要粘牢固
17	肋片底摆粘衬料	衬料宽度4cm过折边剪口上1cm，自然放平使用熨斗粘衬料。注意：衬料要粘牢固

	西装裁剪工艺流程及工艺要求	
18	大袖口粘衬料	衬料宽度 5cm，过折边剪口上 1cm 自然放平，用熨斗粘衬料。袖开衩锁装饰眼式样：在开衩部位粘无纺衬，防止锁眼有皱。注意：衬料要粘牢固
19	领座修正	套板裁剪（如 A4、A5 套裁）。按照板头纸贴上面标明的规格号、方向、板次号，将 A4、A5 两板各在板头纸贴上标明规格号、方向、板次号，面朝下分开
20	胸兜牌和垫带修正	方向是打斜角为下，将胸兜牌和垫带各粘板头纸贴，并标明规格号、板次号，胸兜牌纱向与前身片要完全一致
21	胸兜大兜布修正	按样板的最大号排板裁剪后，再根据每个体型的每个号按照样板修正裁剪
22	裤门襟里子修正	按样板的每个体型的最大号排板裁剪，再根据每个体型的每个号按样板修正裁剪
23	手把式直刀裁剪机裁剪方法	将布边与排板纸上下对齐，用夹子夹紧，按线准确裁剪，各部位剪口长度 0.3cm。注意：裁剪刀路要清楚，裁片四周上下都要顺直、圆顺，不能有缺口或锯牙齿样现象
24	花格面料毛裁分割	用手把式直刀裁剪机将裁片毛裁分割开。注意：毛裁的缝份均匀
25	前片上筛子对格条	5 根针固定。止口部位上、中、下 3 根针，在直纱向的一根纱上袖窿部位下端第一剪口扎一根针，靠肋片缝侧端底摆部位扎一根针与止口下端的针在横纱的一根纱上，前片合计 5 根针，左、右片相同，依次对格，然后串线固定
26	贴边上筛子对格、条	3 根针固定。止口部位上、中、下 3 根针在直纱向的一根纱上，左、右片相同，依次对格，然后串线固定
27	肋片上筛子对格条	3 根针固定。靠肋缝侧端腰节部位一根针，底摆部位一根针，上、下在直纱向的一根纱上，肋片缝下端扎一根针（底摆的两根针横纱向在一根纱上）左、右相同，依次对格，然后串线固定
28	后片上筛子对格、条	7 根针固定。后背中缝扎 5 根针，直纱向在一根纱上肋缝部位腰节一根针，底摆一根针（底摆的两根针横纱向在一根纱上）。左、右片对称，依次对格，然后串线固定
29	大袖片上筛子对格、条	4 根针固定。外袖缝 3 根针，直纱向在一根纱上（袖肘对称点扎一根针）。袖前下端第一剪口部位扎一根针。左、右对称，依次对格，然后串线固定
30	小袖片上筛子对格、条	4 根针固定。外袖缝 3 根针，直纱向在一根纱上（袖肘对称点扎一根针）。内袖缝在袖肘对称点部位扎一根针，横纱在一根纱上。左、右片对称，依次对格，然后串线固定
31	领面上筛子对格、条	4 根针固定。领外口扎 3 根针，横纱在一根纱上；内领口在领中部位扎一根针，领中两根针在一根直纱上，依次对条、格串线固定
32	前片净裁	条或花格明显的面料，1.2cm 宽以上的条必须躲开省线，1.2cm 以下的条可以不躲。前片纱向垂直，样板各部位剪口与裁片的对称点核对准确，用夹子夹紧净裁。注意：上下对称点一致，剪口长度 0.3cm。花格面料是先净裁后粘衬，条纹面料上筛子固定针后上净裁机，按样板省位确定准确，将止口、串口、肩线均匀留 1cm 毛裁，然后粘衬料，将止口、串口、肩线理齐按样板净裁
33	贴边净裁	驳头上端纱向找直，样板与裁片自然摆放，用夹子夹紧净裁。注意：上下对称点一致，剪口长度 0.3cm
34	后片净裁	样板与后片纱向垂直摆放，对称点核对准确，用夹子夹紧净裁。注意：后中领口的剪口打在条与条的中间部位，剪口长度 0.3cm
35	肋片净裁	样板的直纱向与裁片的纱向平行，对称点核对准确，用夹子夹紧净裁，剪口长度 0.3cm
36	大、小袖片净裁	样板的直纱向与裁片的纱向平行自然摆放，对称点核对准确用夹子夹紧净裁，剪口长 0.3cm
37	胸兜牌裁剪方法	0.5cm 以内的条、格面料按样板净裁，超过 0.5cm 以上的条格面料，按格的大小毛裁
38	腰兜盖裁剪方法	0.5cm 以上的条格面料按格子的大小毛裁，其他平板的面料按样板净裁

	西装裁剪工艺流程及工艺要求	
39	领面裁剪方法	条格面料，领中与背中缝条格吻合，横竖纱向垂直，按样板净裁 普通面料，如果面料纱向斜，样板按照横纱向摆放，直纱允许 0.5cm 以内误差 窄的条纹面料，如果面料纱向斜，要根据横竖纹路的清楚程度确定样板横纱或直纱摆放，纱向斜的误差允许在 0.5cm 以内
40	裤子腰面条、格面料的裁剪方法	左、右腰面条、格对称，按样板净裁 裤子后片对格方法：1cm 以上带条面料共扎 5 根针，横裆以上 3 根针，中裆一根针，裤角一根针，从上至下在一根纱上，左、右对称，依次对条，然后串线固定（1cm 以下条自然拉布，纱向垂直裁剪即可），花格面料扎 7 根针固定，在条面料的 5 根针基础上，中裆部位加两根针在横纱上左、右对称，然后串线固定
41	仓库领辅料	据生产指示单到仓库点料，将料领到裁剪部门，由开票人员进行辅料搭配，色卡与标准对照，根据排板的板长及板内件数进行数量搭配并开票
42	上衣里子拉料	首先验料，将里子两端缝合，检查是否有差色或疵点现象。确定板长双跑拉料，布边要整齐，料接头要配齐，表面平整，两端各留 1cm 剪齐，将件数、层数确定准确送到割刀进行裁剪
43	上衣里子裁剪	手把式直刀裁剪，裁片四周要顺直、圆顺，不能有缺口或锯齿形，裁片与样板要完全符合，剪口长度 0.3cm。如果后片是开衩式样：左片里子按样板修正；袖子是开衩式样：大袖里子按样板修正
44	前片、贴边衬拉料	按照工艺标准和色卡核对衬料的颜色和制品确定板长，双跑拉料，衬边要整齐，表面平整，将件数、层数确定准确送到割刀进行裁剪
45	前片、贴边衬裁剪	手把式直刀裁剪，按照排板图切割，裁片四周要顺直，裁片与样板要完全吻合
46	后肩、领头、下摆衬拉料	按照工艺标准和色卡核对衬料的颜色和制品确定板长，双跑拉料，衬边要整齐，表面平整，将件数、层数确定准确送到割刀进行裁剪
47	后肩、领头、下摆衬裁剪	手把式直刀裁剪，按照排板图切割，裁片四周要顺直，裁片与样板要完全吻合
48	领底衬料，拉绒、拉料及裁剪	按照工艺标准和色卡核对衬料的颜色和制品确定板长，单跑拉料，衬料要整齐，表面平整，将件数、层数确定准确，用净裁机裁剪，裁片与样板完全吻合。领底拉绒不打剪口，领底衬料按样板打剪口
49	胸兜牌衬料拉料及裁剪	按照工艺标准和色卡核对衬料的颜色和制品确定板长，单跑拉料，胶粒朝上，料边要整齐，表面平整，将件数、层数确定，用净裁机裁剪，裁片与样板完全吻合
50	兜牙、兜位、三角牌衬料拉料及裁剪	按照工艺标准和色卡核对衬料的颜色和制品确定板长，双跑拉料，料边要整齐，表面平整，将件数、层数确定准确，用净裁机裁剪，裁片与样板完全吻合
51	裤门襟衬料拉料及裁剪	按照工艺标准和色卡核对衬料的颜色和制品确定板长，单跑拉料，胶粒朝下，料也要整齐，表面平整，将件数、层数确定准确，用净裁机裁剪，裁片与样板完全吻合
52	上衣兜布拉料及裁剪	按照工艺标准和色卡核对衬料的颜色和制品确定板长，双跑拉料，料边要整齐，表面平整，将件数、层数确定准确，按照排板图纸用手把式割刀机裁剪，裁片与样板完全吻合
53	裤子兜布拉料及裁剪	按照色卡核对颜色和制品，确定样板，单跑面朝下拉布，布边要整齐，检查是否有疵点，将件数、层数确定准确，按照排板图纸用手把式割刀裁剪，裁片四周要顺直，裁片与样板要完全吻合

续表

西装裁剪工艺流程及工艺要求		
54	裤膝拉料及裁剪	按照色卡核对颜色和制品确定样板，单跑面朝下拉布，布边要整齐，表面平整，检查是否有疵点，将件数、层数确定准确，按照排板图纸用手把式割刀裁剪，裁片四周要顺直，裁片与样板要完全吻合
55	面料打号	根据开票核对每板的板次号及件数和颜色进行打号（包括体型、顺序号）并做好记录，将打号的裁片存放有序，收发手续齐全。注意面料质地与颜色相近的打号不要重复
56	里料打号	根据开票核对每板的板次号及件数，按照色卡核对面料与里料进行颜色搭配，里与面打号一致，将打号的裁片存放有序，收发手续齐全
57	裤子后片对格方法	1cm以上带条面料共扎5根针，横裆以上3根针，中裆一根针，裤脚一根针，从上至下在一根纱上，左、右对称，依次对条，然后串线固定（1cm以下条自然拉布，纱向垂直裁剪即可）。花格面料扎7根针固定，在条面料的5根针基础上，中裆部位加两根针在一根横纱上，左、右对称，然后串线固定

第五章
缝制工艺流程

缝制是成衣生产流程的中心工序,服装的缝制根据款式、工艺风格等可分为机器缝制和手工缝制两种。在缝制加工过程实行流水作业。面料经过裁剪、缝制等工序后,除了有些半成品根据特殊工艺要求,如成衣水洗、成衣砂洗、扭皱效果等需进行后整理加工外,一般都会通过锁眼钉扣、整烫工序,再经成衣检验合格后包装入库。

缝制工艺流程包括缝制、锁眼钉扣、整烫、成衣检验、包装入库等工序。

一、缝制工艺流程图

缝制工艺流程如图 5-1 所示。

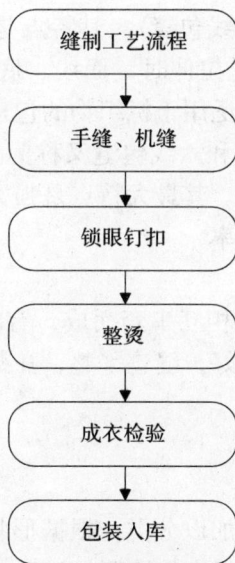

图 5-1 缝制工艺流程

二、服装的缝制要求

整体上要求规整美观,不能出现不对称、扭歪、漏缝、错缝等现象。条格面料在缝制中要注意拼接处图案的顺连,条格左右对称。缝线要求均匀顺直,弧线处圆润顺滑;

服装表面接缝处平服无皱痕、折印；缝线状态良好，无断线、浮线、抽线等情况；重要部位例如领尖不得接线。

1. 线迹

梭织服装加工中，缝线按一定规律相互串套联结配置于衣片上，形成牢固而美观的线迹。线迹可基本概括为以下四种类型：

（1）链式线迹

链式线迹是由一根或两根缝线串套联结而成。单根缝线的称单线链缝。其优点是单位长度内用线量少，缺点是当链线断裂时会发生边锁脱散。双根缝线的线迹称为双线链缝，是由一根针线和钩子线互相串套而成，其弹性和强力都较锁式线迹好，同时又不易脱散。单线链式线迹常用于上衣下摆、裤口缲缝、西服上衣的扎驳头等。双线链式线迹常用于缝边、省缝的缝合，裤子的后缝和侧缝，松紧带等受拉伸较多，受力较强的部位。

（2）锁式线迹

锁式线迹亦称穿梭缝迹线，由两根缝线交叉联接于缝料中，缝料的两端呈相同的外形，其拉伸性、弹性较差，但上下缝合较紧密。直线型锁式线迹是最常见的缝合用线迹，由于用线量较少，拉伸性较差，常用于两片缝料的缝合。如缝边、省缝、装袋等。

（3）包缝线迹

是由若干根缝线相互循环串套在缝料边缘的线迹。根据组成线迹的缝线多少而称呼其名（单线包缝、双线包缝……六线包缝）。其特点是能使缝料的边缘被包住，起到防止面料边缘脱散的作用。当线迹受拉伸时，面线、底线之间可以有一定程度的相互转移，因而线迹的弹性较好，故被广泛用于机织物的包边。三线包缝和四线包缝为最常用的机织制品服装的包边。五线包缝和六线包缝又称为"复合线迹"，由一个双线包缝同三线包缝或四线包缝线迹组合而成。其最大特点是强力大，可同时进行合缝和包缝，从而提高线迹的密度和缝制的生产效率。

（4）绷缝线迹

由两根以上针线和一根弯钩线相互串套而成，有时在正面加上一根或两根装饰线。绷缝线迹的特点是强力大，拉伸性好，线迹平整，在某些场合（如拼接缝）也可起到防止织物边缘脱散的作用。

2. 缝纫机针

缝纫机针可用"型"和"号"加以分类，根据形状，缝纫机针可分为 S、J、B、U、Y 型，对应不同的面料，分别采用适宜的针型。

我国使用的缝纫机针的粗细以号数来区别，粗细程度随着号数的增加而越来越粗，服装加工中使用的缝纫机针号型一般为 5 号至 16 号，不同的服装面料采用不同粗细的缝纫机针。

3. 缝线

缝线的选择原则上应与服装面料同质地、同色彩（特别用于装饰设计的除外）。缝线一般包括丝线、棉线、棉/涤纶线、涤纶线等。在选择缝线时还应注意缝线的质量，例如色牢度、缩水率、牢度和强度等。各类质地面料应采用与之对应的标准缝线。缝线的规格以号数和股数来表示，号数表示粗细，号越小线越粗，股数表示一根线是由几股纱组成的，如 60/3、20/4 等。

4. 针迹

针迹密度是指针脚的疏密程度，以露在布料表面 3cm 内的缝合数来判断，也可用 3cm 布料内针孔数来表示。梭织服装加工中标准的针迹密度（如表 5-1 所示）。

表 5-1　　　　　　　　　　　梭织服装加工中标准的针迹密度

针迹密度	
缝合方式的类别	运针数
直线缝锁缝（外衣）	13～15 针
直线缝锁缝（中衣）	15～17 针
联锁缝	12～13 针
包缝	13～14 针
包缝锁边	8 针
手工缲缝（翻边缲里边）	3～4 针
手工缲缝（缲明缝）	7～9 针

三、粘　衬

粘合衬在服装加工中的应用较为普遍，其作用在于简化缝制工序，使服装品质均一、防止变形和起皱，并对服装造型起到一定的作用。其种类以无纺布、梭织品、针织品为底布居多，粘合衬的使用要根据服装面料和部位进行选择，并要准确掌握时间、温度和压力，这样才能达到较好的效果。

西服的粘衬式样随着工艺方法的不同有较大的差异，而且还要根据面料的不同特点及产品的不同风格再做适当地调整。

总之，西服的档次越高越要保持面料原有的柔软特性，相对应的粘衬部位就越少，工艺要求也越高。

西服的工艺方法根据档次的不同可以概括为三种：

①不纳驳头西服粘衬式样如图 5-2 所示。

②纳驳头半毛衬西服粘衬式样如图 5-3 所示。

③纳驳头全毛衬西服粘衬式样如图 5-4 所示。

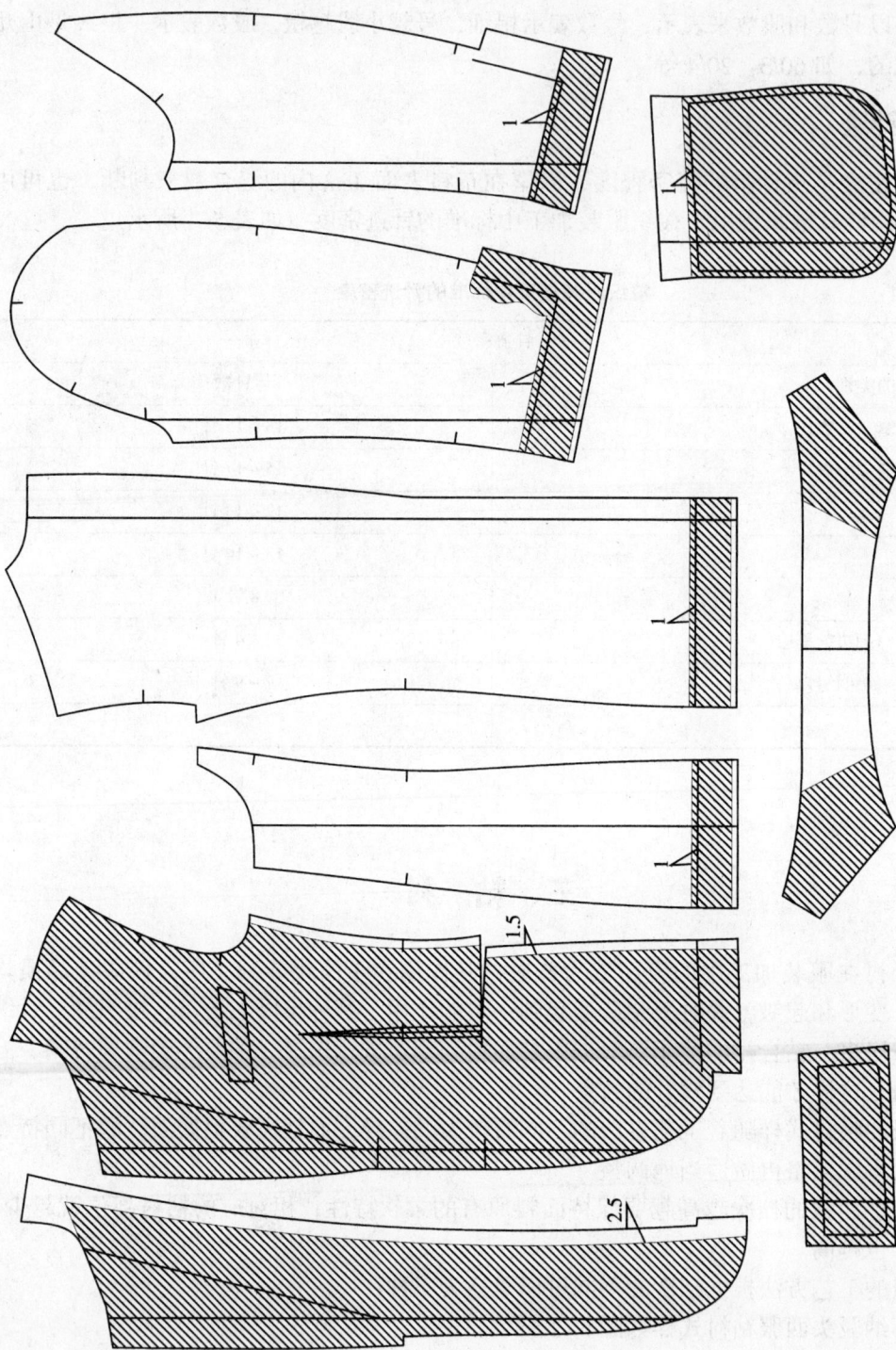

图 5-2　不纳驳头西服粘衬式样　　单位: cm

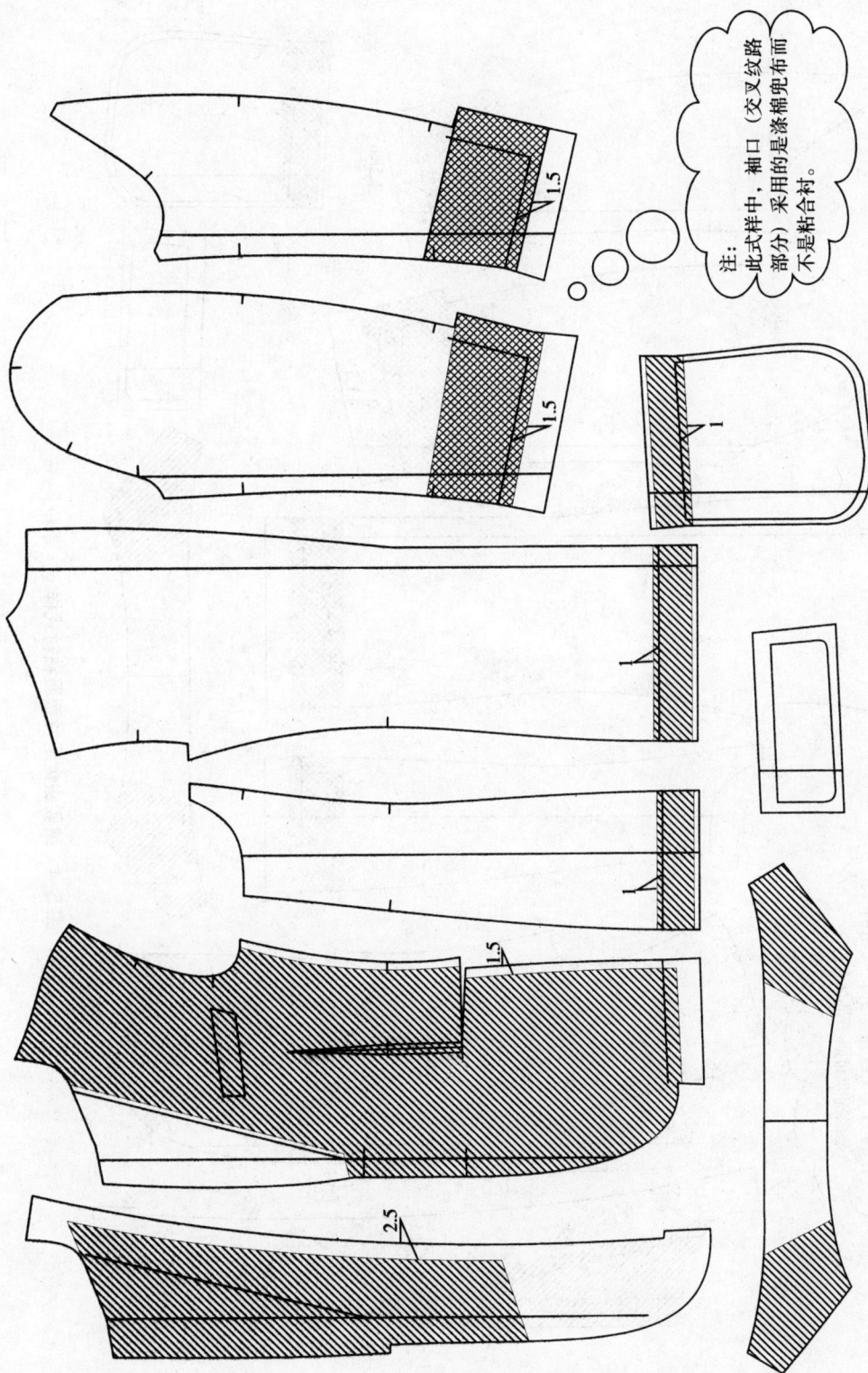

注: 此式样中, 袖口 (交叉纹路部分) 采用的是涤确兜布而不是粘合衬。

图 5-3 纲驳头半毛衬西服粘衬式样   单位: cm

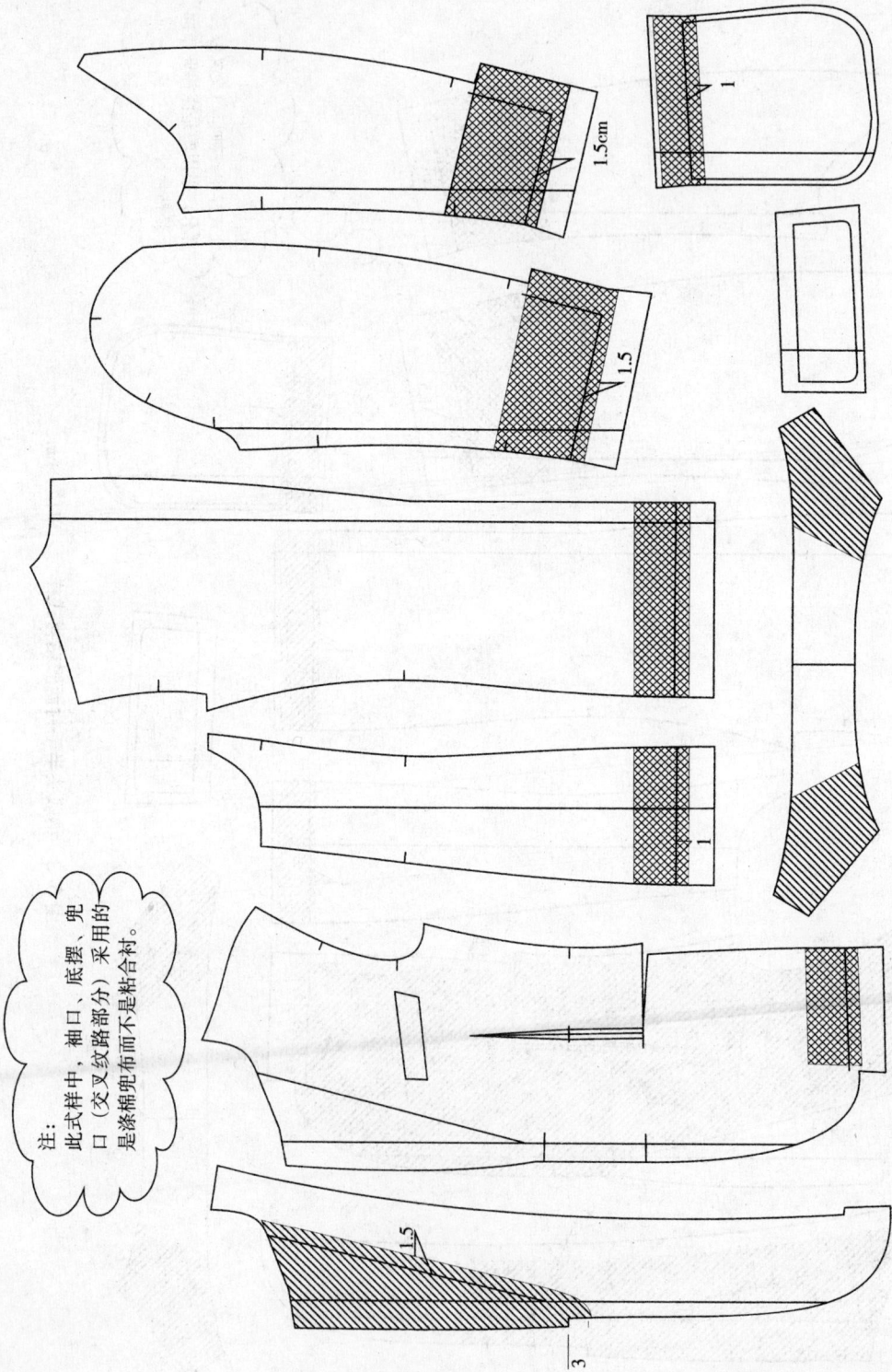

注:
此式样中、袖口、底摆、兜口(交叉纹路部分)采用的是涤棉兜布而不是粘合衬。

1.5cm

1.5

1

1.5

1

1.5

3

单位: cm

图 5-4 钢驳头全毛衬西服粘衬式样

四、缝制工序

1. 缝制车间缝制工序图

（1）设备分类图例

缝制车间缝制设备如图 5-5 所示。

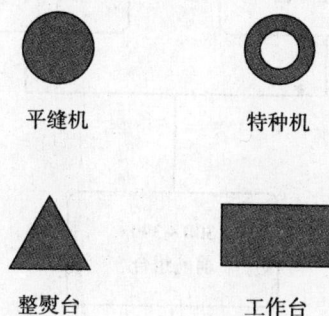

平缝机　　　　　特种机

整熨台　　　　　工作台

图 5-5　设备分类

（2）工序总分类表

缝制车间缝制工序如表 5-2 所示。

表 5-2　　　　　　　　　　　　　**工序总分类表**

编号区间	分类说明
000 ~ 099	前身里
100~199	前身表
200~299	后身表里
300~399	前前组合（勾止口）
400~499	前后组合（合肩侧缝）
500~599	做领
600~699	绱领
700~799	做袖
800~899	绱袖
900~999	综合整理

(3) 男西装工序分类流程

男西装工序分类编号流程总览如图5-6所示。

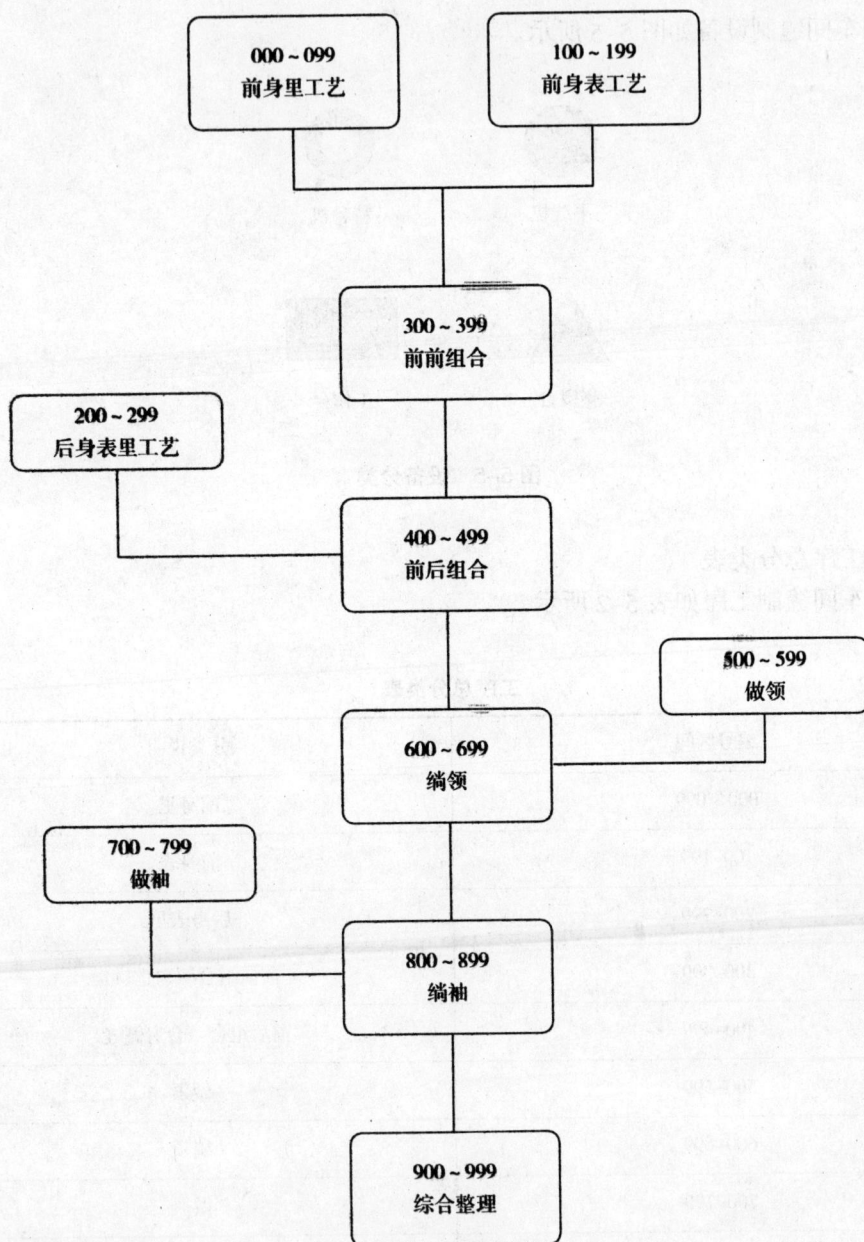

图5-6　男西装工序分类总览

男西装工序编号排列如表 5-3~表 5-12 所示。

表 5-3

工序排列 1——前身里工艺 （001-032）

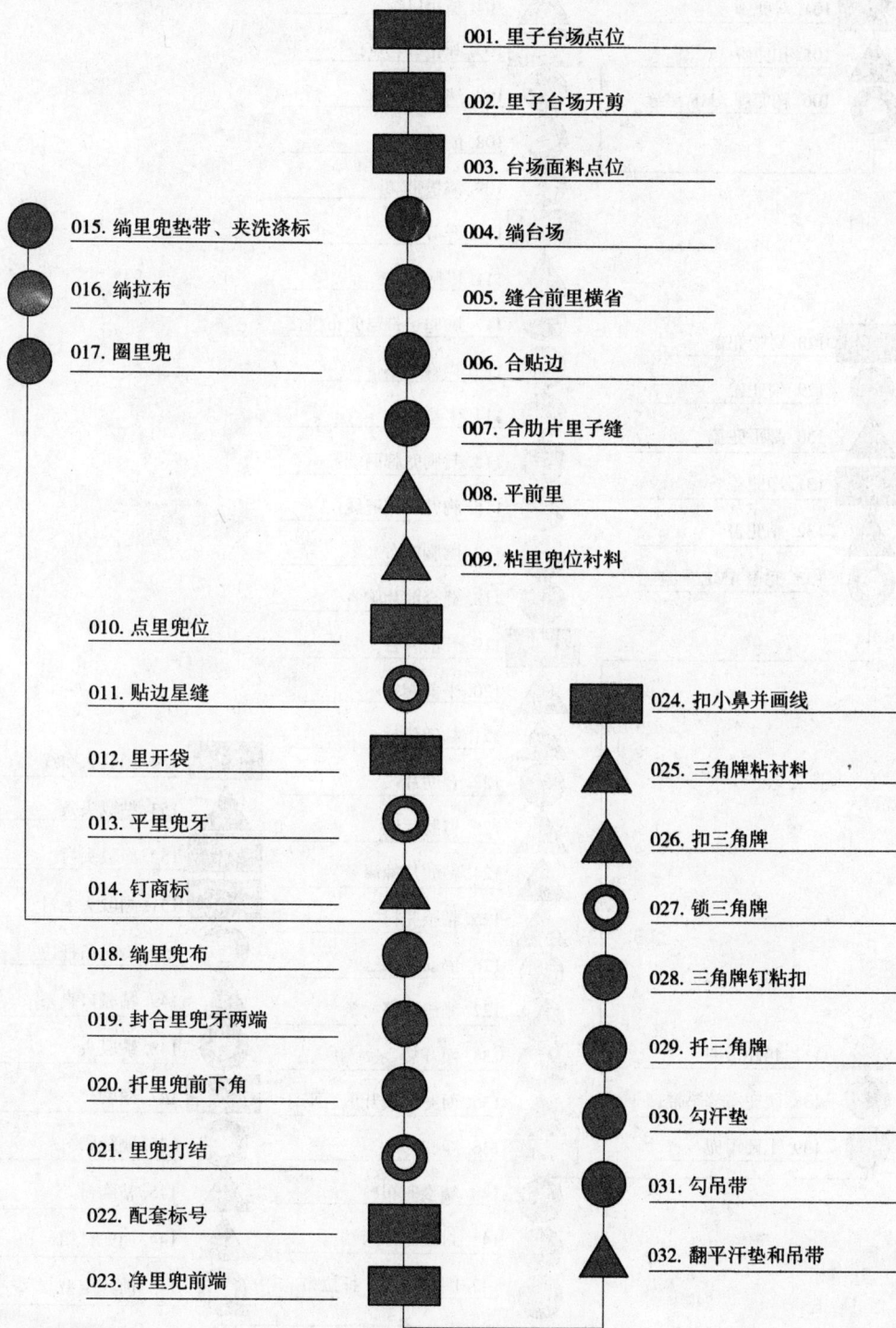

| 001. 里子台场点位 |
| 002. 里子台场开剪 |
| 003. 台场面料点位 |
| 004. 绱台场 |
| 005. 缝合前里横省 |
| 006. 合贴边 |
| 007. 合肋片里子缝 |
| 008. 平前里 |
| 009. 粘里兜位衬料 |

015. 绱里兜垫带、夹洗涤标
016. 绱拉布
017. 圈里兜

010. 点里兜位
011. 贴边星缝
012. 里开袋
013. 平里兜牙
014. 钉商标
018. 绱里兜布
019. 封合里兜牙两端
020. 扦里兜前下角
021. 里兜打结
022. 配套标号
023. 净里兜前端

024. 扣小鼻并画线
025. 三角牌粘衬料
026. 扣三角牌
027. 锁三角牌
028. 三角牌钉粘扣
029. 扦三角牌
030. 勾汗垫
031. 勾吊带
032. 翻平汗垫和吊带

表 5–4

工序排列 2——前身表工艺（101～154）

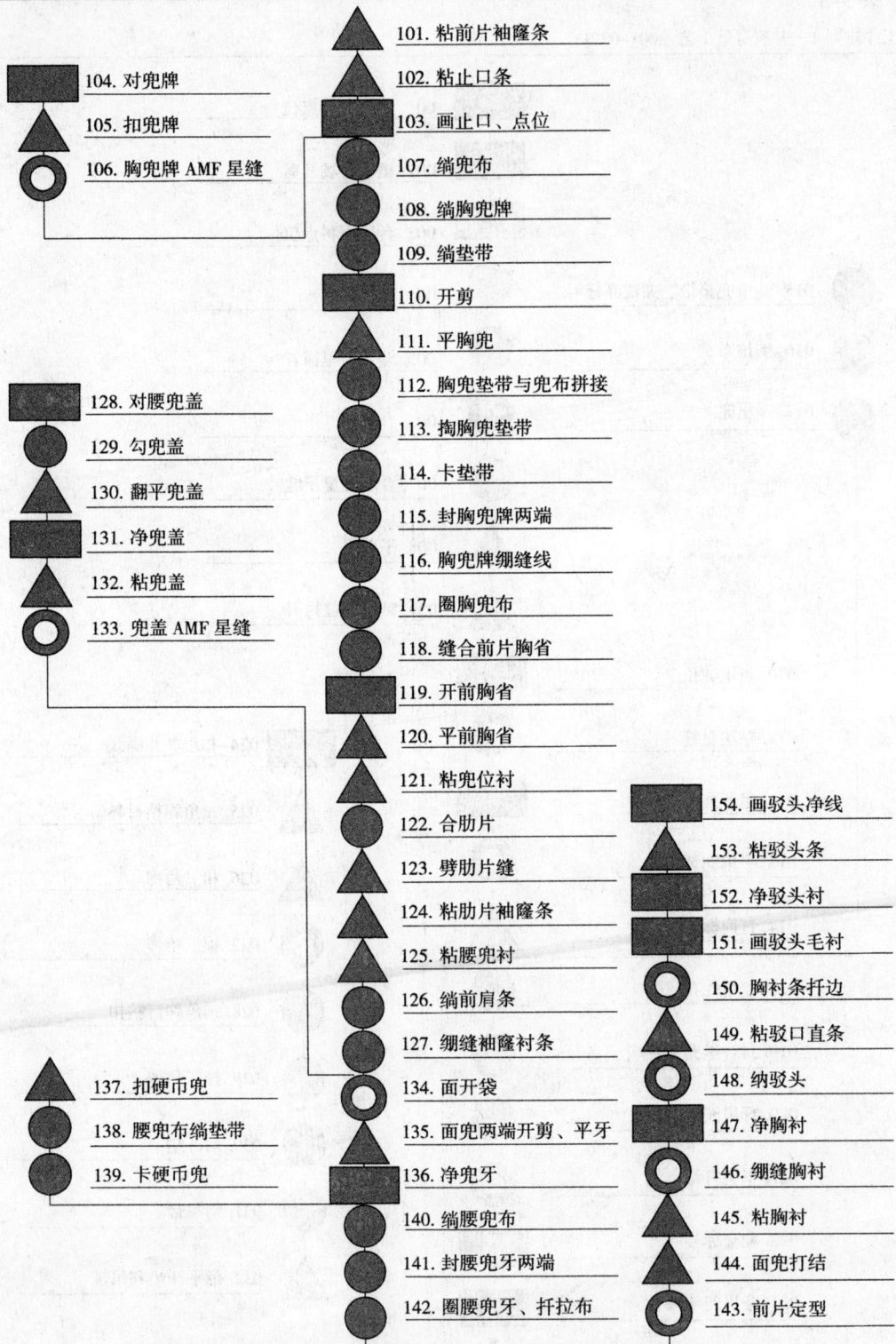

图示	工序
▲	101. 粘前片袖隆条
▲	102. 粘止口条
■	103. 画止口、点位
●	107. 缲兜布
●	108. 缲胸兜牌
●	109. 缲垫带
■	110. 开剪
▲	111. 平胸兜
●	112. 胸兜垫带与兜布拼接
●	113. 掏胸兜垫带
●	114. 卡垫带
●	115. 封胸兜牌两端
●	116. 胸兜牌绷缝线
●	117. 圈胸兜布
●	118. 缝合前片胸省
■	119. 开前胸省
▲	120. 平前胸省
▲	121. 粘兜位衬
●	122. 合肋片
▲	123. 劈肋片缝
▲	124. 粘肋片袖隆条
▲	125. 粘腰兜衬
●	126. 缲前肩条
●	127. 绷缝袖隆衬条
◎	134. 面开袋
▲	135. 面兜两端开剪、平牙
■	136. 净兜牙
●	140. 缲腰兜布
●	141. 封腰兜牙两端
●	142. 圈腰兜牙、扦拉布

左侧分支（104～106）：

图示	工序
■	104. 对兜牌
▲	105. 扣兜牌
◎	106. 胸兜牌 AMF 星缝

左侧分支（128～133）：

图示	工序
■	128. 对腰兜盖
●	129. 勾兜盖
▲	130. 翻平兜盖
■	131. 净兜盖
▲	132. 粘兜盖
◎	133. 兜盖 AMF 星缝

左侧分支（137～139）：

图示	工序
▲	137. 扣硬币兜
●	138. 腰兜布缲垫带
●	139. 卡硬币兜

右侧分支（143～154）：

图示	工序
■	154. 画驳头净线
▲	153. 粘驳头条
■	152. 净驳头衬
■	151. 画驳头毛衬
◎	150. 胸衬条扦边
▲	149. 粘驳口直条
◎	148. 纳驳头
■	147. 净胸衬
◎	146. 绷缝胸衬
▲	145. 粘胸衬
▲	144. 面兜打结
◎	143. 前片定型

表 5-5

工序排列 3——后身表里工艺（201～220）

201. 画开衩

202. 合后背缝

203. 粘后袖窿条

204. 粘后领口衬条

205. 平后片中缝

206. 缝后领口布条

207. 合后片里子

208. 扦后片袖窿条

209. 扦开衩直条

210. 扣后开衩布

211. 半里后片扦边

212. 扦后开衩布

213. 扣下摆

214. 后片底摆折边缝合明线

215. 扣半里下端

216. 卡半里下端明线

217. 半里后中缝合

218. 扣后里中心余量

219. 后片面定型

220. 对后里与面号

表 5-6

工序排列 4——前片表里组合工艺（301～315）

301. 对前里与面号

302. 勾止口

303. 绷缝止口胶线

304. 割刀机净止口

305. 劈止口

306. 平止口

307. 绷缝止口

308. 绷缝贴边

309. 贴边星缝

310. 贴边星缝死针

311. 滚刀净里子

312. 扦贴边及兜拉布

313. 勾前底摆

314. 绷肩垫

315. 固定扣眼位

表 5-7

工序排列 5——前片与后片组合工艺（401～422）

	401. 合肋缝
	402. 侧开衩打剪口
	403. 劈肋缝
	404. 肋缝定型
	405. 合里肋缝
	406. 平里肋缝
	407. 勾后底摆
	408. 勾前片底摆
	409. 卡侧开衩
	410. 平侧开衩里
	411. 扣后底摆
	412. 侧开衩勾角
	413. 做全里后开衩
	414. 合面肩缝
	415. 劈面肩缝
	416. 肩缝定型
	417. 绷缝前领口
	418. 合里肩缝
	419. 平里肩缝
	420. 绷领窝
	421. 检查后里余量
	422. 净领窝

表 5-8

工序排列 6——做领工艺（501～517）

	501. 画领面
	502. 粘领绒
	503. 卡领底线
	504. 领面与衬料缝合
	505. 粘领头尼龙绸
	506. 缉领座
	507. 领座卡线
	508. 劈领座
	509. 归拔领形
	510. 万能机卡领绒
	511. 勾领角
	512. 翻净领角
	513. 翻平领角
	514. 绷缝领面
	515. 领面画对称点
	516. 净领座
	517. 画串口线

表 5-9

工序排列 7——缲领工艺（601～609）

■	601. 领子与身对号
■	602. 缲领点位
●	603. 缲领子
■	604. 净串口
▲	605. 劈串口
▲	606. 粘领底拉绒
◎	607. 绷缝领底拉绒
◎	608. 卡领底拉绒
●	609. 钉领吊

表 5-10

工序排列 8——做袖工艺（701～723）

●	701. 缝袖号
●	702. 合内袖缝
▲	703. 劈内袖缝
▲	704. 扣袖口折边
▲	705. 扣大袖开衩
▲	706. 内袖缝定型
■	707. 画袖扣眼位置
◎	708. 锁袖装饰扣眼
●	709. 合里内袖缝
▲	710. 劈里内袖缝、折袖山
●	711. 缝合袖口里子
●	712. 合外袖缝
●	713. 缝合三角开衩
■	714. 袖开衩手缝
▲	715. 劈外袖缝
◎	716. 绷缝袖口
◎	717. 钉袖扣
●	718. 合里子外袖缝
●	719. 固定内袖缝折边
▲	720. 平外袖缝里子
■	721. 手缝袖口里子
◎	722. 固定缝内外袖缝
▢	723. 手缝内外袖、翻袖

表 5-11

工序排列 9——绱袖工艺（801～819）

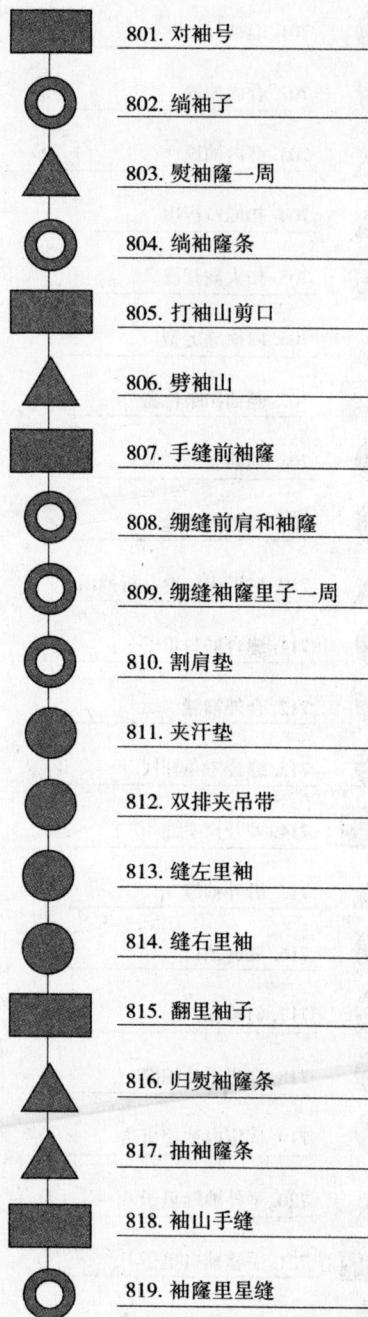

| 801. 对袖号 |
| 802. 绱袖子 |
| 803. 熨袖窿一周 |
| 804. 绱袖窿条 |
| 805. 打袖山剪口 |
| 806. 劈袖山 |
| 807. 手缝前袖窿 |
| 808. 绷缝前肩和袖窿 |
| 809. 绷缝袖窿里子一周 |
| 810. 割肩垫 |
| 811. 夹汗垫 |
| 812. 双排夹吊带 |
| 813. 缝左里袖 |
| 814. 缝右里袖 |
| 815. 翻里袖子 |
| 816. 归熨袖窿条 |
| 817. 抽袖窿条 |
| 818. 袖山手缝 |
| 819. 袖窿里星缝 |

表 5-12

工序排列 10——综合整理（901～912）

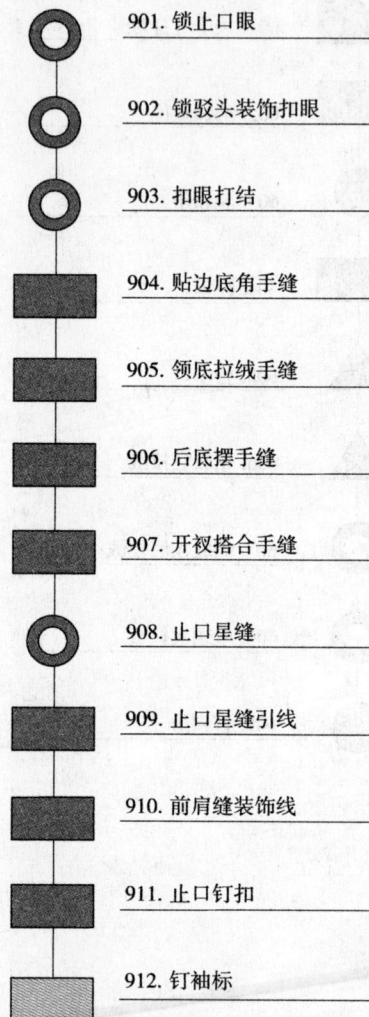

| 901. 锁止口眼 |
| 902. 锁驳头装饰扣眼 |
| 903. 扣眼打结 |
| 904. 贴边底角手缝 |
| 905. 领底拉绒手缝 |
| 906. 后底摆手缝 |
| 907. 开衩搭合手缝 |
| 908. 止口星缝 |
| 909. 止口星缝引线 |
| 910. 前肩缝装饰线 |
| 911. 止口钉扣 |
| 912. 钉袖标 |

2. 缝制车间工序标准

缝制车间工序标准如表 5-13 所示（此表系前面编号分类排列图的具体展开）。

表 5-13　　　　　　　　　　缝制车间工序标准

工序编号	工序名称	操作标准及注意事项
001	里子台场点位	点反面、按样板前端剪口对准里子前端剪口，角度相符合。三角头点三个点（烟兜与其方法相同）
002	里子台场开剪	按台场中间开剪，三角头位置打剪口三个。注意：离点 0.1cm 开剪
003	台场面料点位	点反面，前端样板剪口与台场符合。三角头点三个点
004	绱台场	里子在下，台场在上面 1cm 缝份。注意：台场平行 3cm 宽角处不准毛漏或打结，左、右角度相同。针距：12 针 /3cm
005	缝合里横省	省宽 1.5cm，按剪口折扦，前端扦缝 0.5cm 宽，袖窿端约 3cm 宽。注意：袖窿端扦缝线位置要在转里袖位置缝份之内，否则里子有针眼。针距：12 针 /3cm
006	合贴边	1cm 缝份，确认贴边与前片规格号和顺序号，贴边在下，里在上，胸部位第一至第二剪口之间里子给 0.4~0.6cm 余量。均匀带入。以下部位两片平合到底摆上 5.5cm 停。注意：里子不要抻缩，否则有皱。针距：12 针 /3cm
007	合肋片里子缝	1cm 缝份，肋片里子在上面，从袖窿至腰节剪口部位前片里子斜纱向，自然放平服。腰节线以下至底摆，两片平合。不要有起皱现象。针距：12 针 /3cm
008	平前里	反面在上，贴边纱向垂直。止口靠身，贴边缝份和肋片缝份倒向肋缝，不准夹眼皮或有皱
009	粘里兜位衬料	衬料自然放平，按兜口长度两端均匀粘合。注意：衬料不要透胶
010	点里兜位	前片里子自然放平，样板上下对准贴边缝，画胸兜位、笔兜位、烟位。注意：样板号与身片相符
011	贴边星缝	反面在上，距合缝线 0.15cm 缉线，贴边下角打剪口，里子星缝到底摆下端。注意：线缉不要紧或倒扣
012	里开袋	将前片兜位与十字花固定好，放兜牙和衬料，按要求尺寸开兜口。有三角牌式样，按兜口中央夹三角牌。笔兜、烟兜顺次工作。注意：检查兜牙与身片不要有吃的现象
013	平里兜牙	把兜牙从正面翻到反面，在反面用熨斗熨平兜牙。翻正面，检查兜牙是否等宽，身片纱向兜口两端是否垂直，兜牙是否咧嘴
014	钉商标	有的商标蒸汽后收缩，在钉之前首先试验。平缝机缝合距边 0.15cm，四个角不许漏毛茬。万能机钉商标，针距 0.3cm × 0.3cm。注意：商标方正，不要吃身片。按照制品、实物色卡确定商标钉制方法
015	绱里兜垫带、夹洗涤标（绱烟兜垫带和笔兜垫带）	确认垫带正反面，折 1cm 缝份。对准兜布剪口位置，缝 0.15cm 明线，不准有皱，洗涤标夹在兜布中间。针距：12 针 /3cm 注意：洗涤按颜色、制品与标准符合。针距：12 针 /3cm
016	绱拉布	拉布绱在兜布反面，离兜布前端 3cm，上端与垫带缉线齐，在 0.6cm 缝份两端打倒针，拉布下端不能超过圈兜。针距：12 针 /3cm
017	圈里兜	里胸兜和笔兜按兜底剪口对折，后端圈 1cm 缝份，兜底圈 1.5cm 缝份，宽度为兜口长 +0.5cm 来确定前端缝份。烟兜按兜底剪口对折，前端缝份 1cm。兜底 1.5cm 缝份，宽度为兜口长 +0.5cm 来确定后端缝份。注意：测量兜深度与标准尺寸符合。针距：12 针 /3cm

续表

工序编号	工序名称	操作标准及注意事项
018	绱里兜布（里胸兜、笔兜、烟兜）	洗涤号与身号相符。1cm 缝份，兜布短的这片在兜牙下侧，前端平行贴边。兜布角度与兜口斜度相符合，并且测量兜深度。里胸兜、笔兜、烟兜方法相同
019	封合里兜牙两端（胸兜、笔兜、烟兜）	封合兜牙两端线与圈兜线重合。上端封合牙线离上牙线 0.1cm，兜牙口对上。注意：兜牙不要咧嘴，兜口两端身片纱向垂直，封合牙时不准待吃垫带。兜布前端平行贴边。贴边星缝时挂上兜布前侧
020	扦里兜前下角	里胸兜、笔兜、烟兜前侧下角与贴边缝份扦死
021	里兜打结	结长 1cm，分直结和 D 形结。按式样要求工作。注意：打结要正，身片纱向要垂直，兜牙不准咧嘴或有毛漏现象
022	配套标号	把贴边纸号粘在洗涤的下方，留作成品包装时配套用
023	净里兜前端	将下层兜布和兜牙剪掉，防止星缝时太厚
024	扣小鼻并画线	小鼻扣三角形，缉线在中间，按标准尺寸画长短
025	三角牌粘衬料	按顺身纱向，衬粘在锁眼的正面一半，不准有透胶现象
026	扣三角牌	按剪口折中，粘衬的一半在上面扣成三角形
027	锁三角牌	距边 1cm，圆眼长 1.8cm，然后打结长 0.6cm。注意：锁眼不准有毛茬或没切断纱
028	三角牌钉粘扣	粘扣硬钩钉在三角牌上，直纱对三角牌尖，6×3cm 的三角牌粘扣距尖 0.2cm 钉。9×4.5cm 三角牌的粘扣距尖 0.5cm 钉合，软毛粘扣钉在身里上，兜牙口对上钉
029	扦三角牌	三角牌缝对合、上端扦 0.6cm 缝份
030	勾汗垫	汗垫有的式样中间夹一层兜布料。或是其中一层里料粘衬，样板剪口对准汗垫剪口，两片平齐。注意：不要吃或有皱
031	勾吊带	吊带三角头按样板勾，线缉不要紧
032	翻平汗垫和吊带	缝份留 0.4cm，翻平时，不准倒吐和有亮光
101	粘前片袖窿条	前片纱向放平，袖窿粘双层斜条，上端离肩缝 1cm 开始，距袖窿边 0.2cm，下边弯度处条拉紧，身给 0.2cm 余量。左、右片余量相同
102	粘止口条	条距止口边 0.5cm，不准抻，自然送条粘。从驳口点开始粘至下摆长 1/2 处，圆摆处条稍拉，使圆摆自然向里弯曲，止口不准有波浪现象，并且检查前片是否有疵点
103	画止口、点位	前片自然放平，样板四周对齐从驳口点开始画线至底摆，止口根据样板确定直纱向长度，条格的面料左、右片要对称。点腰兜位、驳口位省位、左片胸兜位，注意条格的面料点省位时躲开明显条，省线垂直
104	对兜牌	条格面料应根据胸兜位置、对兜牌点位
105	扣兜牌	兜牌面粘 55/L 衬料，是紧板。按兜牌样板扣好并把缝份粘固定，两端缝份 0.8cm 兜牌按净板画线，缝份 0.7cm，里侧留 1.5cm 缝份
106	胸兜牌 AMF 星缝	根据式样要求的宽度星线。胸兜牌看正面星线。针距：3cm/6 针
107	绱兜布	垫带与兜布有斜度，低端是前，0.8cm，缝份拼接
108	绱胸兜牌	按前片胸兜点位向前、下各 0.5cm 上兜牌，如果条格面料横竖都对上
109	绱垫带	与兜牌间距 1.2cm，前端上垫带比兜牌短 0.5cm，后端与兜牌线一齐
110	开剪	从中间开，两端打三角剪口

续表

工序编号	工序名称	操作标准及注意事项
111	平胸兜	将垫带和兜布翻到反面，先劈上兜牌缝份，用双面胶与兜牌内侧缝份粘合，然后劈上垫带缝份，再将垫带与兜布拼接缝份朝下压平。检查正面兜牌和身片纱向是否垂直
112	胸兜垫带与兜布拼接	兜布窄端是前，0.8cm 缝份与垫带拼接
113	掏胸兜垫带	离上兜牌线 0.1cm 缉线于兜牌内侧固定
114	卡垫带	垫带上卡 0.15cm 明线固定下端缝份
115	封胸兜牌两端	身片纱向与兜牌垂直，开剪后的三角夹在兜牌两片中间，卡 0.15cm+0.6cm 明线。根据式样要求有的用万能机卡线
116	胸兜牌绷缝线	兜牌与身片纱向垂直，按兜牌缝中扦线 3cm 长度。避免兜牌咧嘴
117	圈胸兜布	接着兜牌的卡线向下圈兜，两端打倒针，并测量兜深度与标准符合
118	缝合前片胸省	省布 1.5cm 宽，按中缉线。左、右片都从下往上捏省。省布垫在靠止口前端，距开口向上 1.5cm 开始垫布，省宽按样板要求宽度捏至省尖，检查省线纱向是否顺直，省尖不准有坑
119	开前胸省	下端在省中开省 1.5cm 长与垫省布位置一齐，前侧打剪口。省尖部位省布过省尖 1.5cm，其余剪掉
120	平前胸省	前片自然放平在工作台，左、右片都从省尖方向往下劈缝。省中纱向稍微向止口前弯约 0.3cm。左、右片省线弧度相同。注意：防止省缝亮光
121	粘兜位衬	腰兜口对上粘衬料，前端过兜位 1.5cm，后端与肋片缝一齐。注意：左、右兜口斜度相同，正面兜口前纱向垂直
122	合肋片	肋片纸号用大针距扦住，合肋片缝份 1cm，肋片在上，袖窿上端 12cm 之内前片待吃 0.3cm 余量。以下部位剪口对上平合。注意：左、右片余量吃均匀。如有肋片长短不相同，袖窿上端对齐合，下摆处稍差点可以
123	劈肋片缝	肋片横纱向垂直平放在工作台上，前片腰节部位隆起，左、右都从底摆往上劈缝，肋片缝上端上提，横竖纱向垂直。注意：根据面料确定熨斗温度压力，避免缝份亮光
124	粘肋片袖窿条	从肋片缝开始粘双层斜条距边 0.2cm。弯度斜纱部位条拉紧，肋片聚 0.2cm 余量
125	粘腰兜衬	与前片兜位衬搭合，后端超过兜位 1.5cm 粘合
126	缩前肩条	肩条为 23° 缩 1.5cm 宽的斜布条。前端离领口 1.5cm，距边 0.2cm。后端距袖窿 1cm，0.6cm 缝份扦线时，肩条稍微拉紧 0.2cm，避免前肩捯长
127	绷缝袖窿衬条	沿着袖窿弯度 0.6cm 缝份扦线。线迹不要紧
128	对腰兜盖	条格面料应根据腰兜位置、对兜盖点位
129	勾兜盖	根据式样要求尺寸，确定勾兜盖样板。前端纱向找直、兜角圆顺。针距：14 针 /3cm
130	翻平兜盖	把兜盖翻到正面，用平兜盖模具插入兜中前端纱向找直，倒吐 0.1cm 均匀压死、角圆顺。注意：面料亮光，左、右兜盖圆角对称
131	净兜盖	样板对准点位，横竖纱向垂直，四周按样板用滚刀净去
132	粘兜盖	前、后角对折，里子余量朝兜口中方向提，用双面胶条约 10cm 长粘合。注意：兜盖角要向里侧弯曲
133	兜盖 AMF 星缝	根据式样要求的宽度星线，看里子星线，倒吐均匀。线迹不要紧，针距：3cm/6 针

工序编号	工序名称	操作标准及注意事项
134	面开袋	首先检查兜盖与前片纱向是否一致，开袋机十字花与兜位对准，兜牙在下，纸衬在上，上端夹兜盖。根据式样书要求兜口尺寸开袋。两端上线各超过兜盖 0.1cm，避免兜盖有皱
135	面兜两端开剪、平牙	两端按兜牙中开剪，兜牙翻到反面，平牙，看正面检查兜牙等宽。兜口两端身片纱向垂直
136	净兜牙	前端兜牙按圈兜线净掉一层
137	扣硬币兜	
138	腰兜布绱垫带	垫带折 1cm 缝份，按兜布剪口位置绱垫带，后侧垫带与兜布对齐
139	卡硬币兜	内侧折卡 0.15cm 线，兜口宽度按式样要求确定
140	绱腰兜布	小兜布绱在下牙，1cm 缝份
141	封腰兜牙两端	兜布规格与身片符合，大兜布与上兜牙铺平，牙口对上，两端不准毛漏。兜牙上端离上牙线 0.1cm 封兜牙，兜布缝份 1.5cm。注意：兜口前、后两端身片纱向垂直。兜口不咧嘴，垫带不准吃
142	圈腰兜牙、扦拉布	兜口两端离封兜牙线 0.7cm。圈兜布缝份 1.5cm 双线下端扦拉布。注意：测量兜深度与标准要求尺寸符合
143	前片定型	止口在里侧，省缝略向前弯约 0.3cm。第一扣眼以下止口纱向垂直。以上纱向朝袖窿方向弯，肩部靠袖窿侧。纱向垂直。胸部从上往下给 0.3cm 余量，使胸部隆起。肋片缝上端上提。袖窿弯度的余量，归平。注意：根据面料确定是否定型或调压力，左、右片形状要对称
144	面兜打结	结长 1cm（分直结、D 形结）打结占中。注意：兜口前、后两端纱向垂直
145	粘胸衬	身片和胸衬按规格号，前片里面朝上，止口在里侧，省缝中间部位向前推，使省略前弯，腰兜口后端上提，腰节部位的余量归平，胸衬以翻驳线上端向后 1cm，下端向后 1cm，翻驳线部位与面粘合，胸衬横竖纱向垂直，检查正面前片纱向、腰兜口前端纱向是否垂直。肩部从领口往后 3cm 处面往下给余量 0.3cm。熨斗归平，胸衬后拉使袖窿处隆起，归出形状。注意：胸衬不要过翻驳线，左、右片纱向和形状要对称
146	绷缝胸衬	针距：1 针 1cm，正面在上。①止口在机器里侧，按纱向把前片放平。②省中间部位向前推，使省缝呈弧形。上下方向稍抻，使胸衬有余量，离省缝向前 0.3cm 绷机绷至腰兜口胸衬最下端，省缝份与胸衬绷缝固定。③腰兜口前端兜布与胸衬绷上。④后端胸兜牌给 0.2cm 余量兜布与胸衬绷上。⑤从省尖部位往上平扦过胸兜上 7cm 位置停，以上按面料厚薄决定 0.4~0.6cm 余量，均匀绷。⑥肋片缝部位稍微上提，横竖纱向垂直，顺袖窿弯度往里约 6cm 扦线，使胸部余量平行线绷缝。⑦从领口往下扦线，驳头向外抻着扦到胸兜牌上端停，以下放平扦到第一扣眼处。⑧第一扣眼位至胸衬最下端面料稍抻，使胸衬有余量。注意：左、右片余量相同，扣眼之间衬料要给余量，避免面起泡，驳头折过来后胸兜部位前端身不准有绺
147	净胸衬	纳驳头式样，止口和领口衬料与身片净齐，颈肩点部位约 2cm 长度衬料与前片净齐，接着圆顺净至肩缝末端衬料比面让出 0.7cm，袖窿端衬料比面让出 0.7cm 顺至下端 0.5cm。肋片位置衬料比面缝份让出 1cm 缝份。注意：领口和颈肩点衬与面净齐，不准割掉面料
148	纳驳头	上端与领口拐角对准，下端与驳头净线对准，线迹松紧适宜。不准透针掉针。注意：驳头折过来后，面料不准起泡有绺

续表

工序编号	工序名称	操作标准及注意事项
149	粘驳口直条	两粒扣止口朝里侧平放在工作台上，直条距离第一扣眼位向上 3cm，离驳口线 0.5cm、中间部位 13~15cm，身给 0.4~0.6cm 的余量，条拉紧余量分布均匀粘（三粒扣，中间部位 10~12cm，身给 0.3~0.4cm 余量）。驳头纳线部位归熨平，翻过来正面在上，把前片余量自然归熨平。注：根据面料厚薄确定余量，粘直条不要过驳口线
150	胸衬条扦边	纳驳头式样扦一道线，顺至胸衬最下端（不纳驳头式样扦边扦两道线）。注意：线迹松紧适宜，不准透针和掉针
151	画驳头毛衬	画驳头毛板领口对准身片领口，下端对准驳口毛缝份，然后画线
152	净驳头衬	左、右片对齐，按线把以外缝份剪掉。注意：领口拐角处和驳口处要对准确
153	粘驳头条	串口线部位自然放平粘直条，止口部位粘防滑条，条不准抻上端与串口直条相对粘。下端也相对粘合
154	画驳头净线	净板领口拐角与面对上，下端驳口点与净线重合画驳头线。注意：领台角要圆顺
201	画开衩	侧开衩、样板与侧缝边对齐。按照样板号和身号在里侧画线。后开衩在左片画线
202	合后背缝	针距：12 针 /3cm；后背中和领口两片对齐按背中剪口或式样书要求的缝份宽度合至底摆。注意：线迹不要紧，两片不准有吃和波浪现象
203	粘后袖窿条	后片两片对齐平放在工作台上，后中靠身，袖窿弯度中间根据面料厚薄归 0.3~0.5cm 余量，衬条离肩缝 1cm，距边 0.2cm 粘至肋缝。注意：左右片角度相同
204	粘后领口衬条	离领口上端 0.8cm，衬条与身片自然放平合。肩缝两端各留 1cm 不粘条，合肩缝不准将衬条合上，防止后肩有皱
205	平后片中缝	后片抻开按纱向自然放平在工作台上。从领口方向开始向下劈缝至底摆，不准抻长，后背上端最高点 10cm 长部位自然归熨 0.3cm 余量。注意：根据面料确定熨兜温度和压力，否则有亮光和缝份印
206	缝后领口布条	有的式样要求扦布条。布条与领口边对齐，离肩缝 0.8cm。背中处两片布条搭合扦线宽 0.6cm。合肩缝可以挂上布条角，因为扦布条领口容易抻
207	合后片里子	针距：12 针 /3cm；后背中和领口两片对齐。1cm 缝份，从上合至底摆。不要有待吃的现象
208	扦后片袖窿条	扦线距边 0.6cm，线迹不要紧；扦线不准超过 0.6cm，否则绱袖后会漏出扦缝线
209	扦开衩直条	按开衩画线里侧扦直条，直条要给余量约 0.5cm，按条中间扦线，条上端超过开衩拐角合缝线以上 1cm。下端过折边剪口 1cm，线迹不要紧
210	扣后开衩布	按样板号码确定开衩布长短和宽度扣折
211	半里后片扦边（无开衩）	后背中和肋缝扦边 0.7cm，缝份线迹不要紧或倒扣
212	扦后开衩布	后片按开衩样板确定开衩布位置，扦边时一起扦上
213	扣下摆	无开衩：按折边剪口位置扣下摆，纱向要直。侧开衩：根据前肋面与开衩搭合尺寸确定后片长度两侧画线，底摆纱向找直按样板扣，上襟盖下襟 0.1cm。半里后开衩：按样板扣开衩布，下襟侧角不准漏毛茬，角度相符。上襟盖下襟 0.1cm，按纱向扣底摆。注意：以上扣下摆要等宽不准抻。测量后衣长尺寸与标准是否符合
214	后片底摆折边缝合明线	针距：12 针 /3cm；距边 0.15cm，自然平服
215	扣半里下端	根据标准要求尺寸，按样板扣折边宽度，必须等宽

工序编号	工序名称	操作标准及注意事项
216	卡半里下端明线	针距：12针/3cm；看反面折边卡0.15cm线，线迹不要紧，明线等宽
217	半里后中缝合	后领口左、右对称，取中在反面绱线0.15cm，下端要对齐。注意：检查左、右片是否倾斜，折边明线左、右是否对称
218	扣后里中心余量	按领窝剪口对照标准折补余量，左片压右片
219	后片面定型	后背缝放直，后背最高点部位给余量，喷胶均匀。注意：根据面料是否有亮光来确认喷胶定型
220	对后里与面号	后片面与里子号相符，把里子夹到面中间
301	对前里与面号	按照规格号顺序号，面与里子核对
302	勾止口	针距：12针/3cm。左前片，从上往下勾，前片在上面，贴边在下面，从上至下约5cm，前片与贴边平勾，驳口以上5cm贴边给0.3cm余量，中间部分前片给0.3cm余量。第一扣眼至第二扣眼贴边给0.4~0.6cm余量，以下部位前片贴边平勾；圆角部位前片给0.2cm余量；领台圆角折叠勾，给0.2cm余量
303	绷缝止口胶线	从驳口往下绷缝至圆摆，两端线头剪净，胶线绷缝在贴边线头上
304	割刀机净止口	止口一周前片0.5cm缝份，贴边1cm缝份
305	劈止口	套在模具上，把止口一周缝份劈开。注意：止口不能抻，否则起波浪
306	平止口	把前片自然放平在工作台上，然后踩吸风，不准抻。第一扣眼位以上看前片平，贴边倒吐0.1cm。以下看贴边平，前片倒吐0.1cm
307	绷缝止口	拉花机器：左前片看前片从圆摆扦至领台一次完成，扦线距边0.6cm。右前片看前片先从领台再至驳口停，然后从圆摆看贴边再线至驳口重合。注意：线迹松紧适宜，不准打绺，止口倒吐均匀
308	绷缝贴边	针距：1针/1cm。①固定第一针眼位翻驳线处的余量。②与烟兜平齐的位置看贴边，从止口方向往里绷缝固定。③串口线部位纱向垂直绷缝固定。④驳头注意：线迹松紧适宜，不准打绺，止口倒吐均匀。卷两道后前片绷缝线。⑤圆摆部位向里翘起看贴边绷缝线，第一扣眼至第二扣眼之间贴边给0.3cm余量，均匀绷缝至里兜口处停。⑥里兜口上端从上向下绷缝线，胸部给0.3~0.4cm余量，均匀绷缝至里兜口上。⑦贴边上端固定并核对左、右是否对称。注意：串口线贴边纱向垂直，翻驳线处的余量根据面料厚薄确定，驳头自然弯曲，圆摆向里自然弯曲
309	贴边星缝	针距：1针/0.1+0.5cm。上端以串口线向下4cm开始，距离贴边缝3cm向下顺到里兜口向外1cm至麻布最下端。线迹松紧适宜，贴边纱向垂直。前端与兜布和衬料扦上
310	贴边星缝死针	两端系疙瘩，把疙瘩引到里面
311	滚刀净里子	侧开衩半里子式样：里子距底摆1.5cm的式样，下摆前端里子比衣片大出0.5cm，后端里子比面大出1cm。肋缝部位：肋片里子比面长0.7cm（全里子肋片里子比面长0.5cm）。胸兜处里子比面大0.5cm，顺至腰节处里面一齐。下端底摆里子面宽出1.5cm。然后从腰节顺至底摆（无侧开衩式样：从腰节至底摆里面一齐净。全里侧开衩式样：从腰节至开衩，里子比面大出0.2cm。开衩拐角处里子比面大出0.5cm。开衩侧端，里、面净齐）。串口部位前片与贴边净齐，前领口贴边比面大出0.3cm。肩缝上端（颈肩点）约2cm，前片与贴边净齐顺至肩缝末端里子大出0.7cm。袖窿部位：里子比面大出1cm，肋片里子直纱部位打剪口。前袖窿直纱部位打剪口。注意：里子不要抽丝

工序编号	工序名称	操作标准及注意事项
312	扦贴边及兜拉布	用缭缝机，上端从肩缝往下约 12cm 处开始，缝份与胸衬扦上，至里兜布上端，里兜布与胸衬扦上，下端贴边缝份与腰兜布扦上至兜布最下端。注意：扦边不准透面，考虑规格大小与兜布的关系
313	勾前底摆	根据式样要求里子距底摆的宽度勾，贴边前角垂直，里子肋片缝与面缝对上。里子余量 1cm，勾里子缝份 1cm。里、面平勾至末端留 4cm 长不勾（半里子无开衩式样，里、面勾至肋缝末端，按式样要求宽度勾 2cm 长）
314	绷缝肩垫	首先贴边绷缝，肩垫上面有剪口，前端小、后端大，肩缝净线对准肩垫剪口，肩垫出来大小根据式样要求宽度和板型确定。绷缝线针距 1cm/1 针。从下顺肩垫形状圆顺绷缝到肩离胸衬上端 1cm 向前拐绷缝 2cm 止，两端打倒针。注意：胸衬纱向垂直，掌握肩垫角度
315	固定扣眼位	将前片放平，按照点位扦线，长为 1.5cm。注意：缉线在一根纱上
401	合肋缝	针距：12 针 /3cm。前片与后片对号，将后片里子描到里兜布面，肋片缝份的大小按式样要求缝合。无开衩式样：左肋后片在上面，前片在下面。从上往下合。上端 12cm 长后片吃 0.3cm，12cm 以下两片平合至底摆。全里侧开衩：合至开衩拐角 1cm 停止。注意：对号按体型，顺序号，缝份均匀，余量待吃均匀。如果后片不给余量，成品后肋片会起皱，条格面料腰节以下对格，根据面料厚薄调试线迹
402	侧开衩打剪口	在开衩拐角部位，将肋片片对角处打剪口（距离缉线 0.2cm）。注意：剪口不要毛漏
403	劈肋缝	侧开衩式样：将肋缝按肋片纱向垂直摆放在工作台上。底摆朝右侧劈肋缝时不准抻衣片。袖窿上端有余量的部位呈弧形，肋缝自然劈开，袖窿弯圆顺。侧开衩部位，后片顺着画线折扣到底摆开衩里布上端按缝份扣直，不准有毛茬。里子与面缝份用双面胶粘合。无开衩式样：从底摆劈至上端，底摆扣印前后片圆顺。半里式样：测量左、右肋缝折边的宽度和里子距底摆的宽度是否对称。注意：劈缝不准夹眼皮及缝份有亮光
404	肋缝定型	将肋缝按面纱向垂直摆放在工作台上。先喷胶然后定型。注意：根据面料确定喷胶并调试温度、压力、时间，喷胶要均匀
405	合里肋缝	针距：12 针 /3cm。全里式样：后片在上面按式样书要求的缝份合缝，并检查里、面勾底摆时松紧是否合适。侧开衩半里式样：前片里子与肋片缝份勾合。面在上，距肋缝 0.6cm，缝份 0.7cm，上端与后片里子重合 1.5cm。开衩布部位勾底摆时要有 0.6cm 余量。无开衩半里式样：从底摆合至与后片里子重合 1.5cm 部位打倒针，面在上，距肋缝 0.6cm，缝份 0.7cm。注意：里子余量要吃得均匀
406	平里肋缝	全里式样：缝份倒向前侧熨平。注意：熨斗温度，里子不要有亮光
407	勾后底摆	针距：12 针 /3cm。全里式样：肋缝，背中缝里子和面对上，勾底摆缝份与前片顺直，里子 1cm 缝份，两片平勾，里子余量 1cm 按底摆折印将肋缝和后背中缝与缝份缲死。注意：里、面松紧适宜，缲缝份不要有坑，底摆等宽
408	勾前片底摆	针距：12 针 /3cm。半里侧开衩式样：里子 1cm 缝份，底摆顺直，开衩缝里子余量 0.6cm 两片平勾，里子距底摆余量 1cm，再将衣片从反面翻到正面。注意：底摆等宽
409	卡侧开衩	针距：12 针 /3cm。0.15cm 明线开衩，上端两层一起卡明线，合线后把后片翻折，卡开衩至底摆。注意：卡线不准抻，否则下角长出底摆

续表

工序编号	工序名称	操作标准及注意事项
410	平侧开衩里	缝份倒向前，余量 0.6cm，从上顺至底摆熨平
411	扣后底摆	侧开衩半里子式样：根据开衩搭合的宽度，按前片两侧画线。根据式样书要求的底摆宽度用样板扣折，侧开衩下角扣成直角。注意：底摆等宽，上襟盖下襟 0.1cm
412	侧开衩勾角	针距：12 针 /3cm。开衩上片折印比下片折印向下 0.2cm，缉线离上片折印向下 0.15cm。上片留 1cm 缝份，按折印其余剪掉。侧开衩勾角式样：按折边位置上片和下片画印，然后印对
413	做全里后开衩	针距：12 针 /3cm。①首先对比开衩以上里子比面长出 0.8cm。②下襟先勾底摆里子，按里子距边的位置。再向下 1cm 勾里子长约 5cm。③开衩侧面 1cm 缝份，里子给 0.2cm 余量。④翻过正面下襟卡 0.15cm 明线，里子倒吐 0.1cm。⑤勾上襟开衩，里、面缝对上，按规定缝份缉线。拐角处里子打剪口勾至下端。里子给 0.2cm 余量。⑥勾底摆长约 5cm。注意：里角不要毛漏，左、右两侧底摆等宽，上襟盖下襟 0.1cm
414	合面肩缝	针距：12 针 /3cm。前片在上面，后片在下面。1cm 缝份。先固定靠袖窿这端两片平合 3cm 长，再从领口向里 2.5cm 两片平合。中间部位 1cm 的余量由多渐渐少。注意：不要抻前片合，否则肩宽尺寸会大。左、右肩余量分配相同，缝份均匀
415	劈面肩缝	先将缝份轻劈开，整理肩形状，将靠领口 3cm 长的位置稍向前凹进，其他部位顺前片纱向，肩线圆顺熨烫，肩缝末端向前弯。注意：劈缝不要抻，否则肩尺寸会大
416	肩缝定型	将 6cm 直条放在袖窿末端，定型机固定肩缝形状。注意：根据面料确定是否定型或调试机器，否则缝份有亮光，袖窿侧前、后顺直
417	绷缝前领口	针距：1 针 /0.5cm。首先将前片纱向垂直摆放在工作台上，肩线圆顺，前领口从肩缝向下给 0.3cm 余量。先固定肩缝 1cm 长，然后从串口线向上距边 0.5cm 扦至肩缝。中间余量均匀。再将领口稍微翘起，沿着肩线扦 4cm 长向下拐约 7cm，使胸衬下面有 0.2cm 余量。注意：领口余量给足
418	合里肩缝	针距：12 针 /3cm。1cm 缝份先合右肩，前片在下，后片在上，后片里子吃 0.6cm 余量。注意：余量均匀，肩线圆顺，缝份均匀
419	平里肩缝	缝份倒向后片，不要夹眼皮
420	绷领窝	针距：1 针 /0.5cm。后背里中缝左高，先扦右领口，从串口处绷至后领中，里子给 0.3~0.4cm 余量，里、面肩缝对上，后背中缝里面对上。注意：从两侧向背中扦线，里子余量给足，否则面后肩有皱
421	检查后里余量	全里式样：检查后背里总长度距底摆是否与式样书尺寸符合。全里后开衩式样：开衩上端里子余量 0.5cm。注意：如果里子余量多绷缝领窝时让出
422	净领窝	按面领口把毛线头和里子大出的剪掉。注意：领口圆顺
501	画领面	首先确认板型及号码，然后检查领面纱向是否正确。按领子样板画线，内领口样板与面对齐，样板中与领面中对上。领头和外口画线，并把剪口位置画准确。如果是花格面料，领头先对格，左、右对称
502	粘领绒	领衬胶面在上，平铺在工作台上，领外口拉绒比衬料向下 0.15cm，领头对齐，粘合时领头和外口留 2cm 不粘。其他部位粘死。注意：领绒下端后中部位比衬料大出 0.15cm，两端大出 0.6cm。领绒分 A、B 两面，按色卡要求工作
503	卡领底线	针距：12 针 /3cm。按照式样书要求的翻领宽度卡线

续表

工序编号	工序名称	操作标准及注意事项
504	领面与衬料缝合	缝份0.5cm，衬料在左、面在右，衬料压线边缘。领头至第一剪口面与衬料平缝，第一至第二剪口面有0.3cm余量，第二剪口至后中面与衬平缝。注意余量吃均匀
505	粘领头尼龙绸	尼龙绸宽度2cm，用双面胶条将小条粘在领衬与拉绒之间。缝份在中，上端缝份对折与拉绒平齐，下端缝份对折与拉绒平齐，下端与衬料平齐
506	缝领座	针距：12针/3cm。缝份0.6cm。领面弯度不准抻，领面和领座平合，领中剪口对上，把领面纸号粘在拉绒上面。注意：条格面料必须对上，缝份均匀
507	领座卡线	针距：12针/3cm。劈缝在领面上卡0.15cm明线。注意：卡线不准抻
508	劈领座	领面自然放平，熨斗劈缝。注意：不准抻，自然归劈
509	归拔领形	领底拉绒肩缝部位隆起归熨，然后平领外口。衬料与面靠齐，面与拉绒之间均匀倒吐0.2cm，然后按领子净样板形状归拔领形。注意：领头两端拉绒与面画线对齐，领面纱向垂直
510	万能机卡领绒	针距：9针/3cm。针缉距拉绒边0.05cm。两端离衬料串口部位向上各1cm起针并打倒针。拉绒向前送卡，否则会出现有绺。注意：薄面料必须离0.05cm卡线，否则领外口会出现锯齿现象
511	勾领角	领外口约5cm长衬料与面对齐折，给余量0.2cm按衬边缉线，领头拐圆角两针，如果是条格面料左、右对称。注意：不要漏尼龙绸
512	翻净领角	圆角部位留0.3cm缝份顺至下端0.8cm缝份
513	翻平领角	领角挑圆顺，倒吐0.15cm，不准漏毛茬。注意：左、右领头斜度相同
514	绷缝领面	拉花机器领中纱向垂直绷缝线，从两侧向中心绷缝线，外口拉绒在上，距边0.4cm扦线，领腰绷缝线从两侧向中间绷缝，领角部位卷两道。注意：领面纱向垂直
515	领面画对称点	根据领衬剪口画背中、肩缝三点，如果是条格面料，领中按条画线
516	净领座	串口线部位领面留0.7cm缝份。领座部位按拉绒净齐
517	画串口线	按领头净板对齐画串口线
601	领子与身对号	按照规格号、顺序号，把领子夹到身中
602	缝领点位	按样板对准止口和领台点串口位，左、右一致
603	缝领子	针距：3cm/12针。缝份0.7cm。先缝左片串口线部位，身和领子纱向摆正将领子与身缝合，在领口拐角处打剪口。然后从右片串口起针缝领一周。领子余量吃在领窝弯度的地方，肩缝和背中与领对称点对上。注意：串口线要顺直，左、右角度相同。领台和领头左、右对称
604	净串口	前片和贴边缝份留0.5cm。净掉0.2cm，拐角处打剪口，并净成三角形。领头前端，在对折缝份部位打剪口（贴边和领子缝份）
605	劈串口	将前片串口部位平铺在工作台上，前片纱向垂直。前片缝份与贴边和领子缝份劈开。注意：不要抻，串口要直
606	粘领底拉绒	用双面胶条将拉绒粘至肩缝以下2cm，领角卷一道绷缝，然后粘拉绒，使领角向里弯，肩缝部位拉绒盖身1.5cm。注意：领头不准有毛茬，领面与领衬相符合
607	绷缝领底拉绒	绷缝线距拉绒边1cm。先绷缝前领口两端。后领窝部位，从后向两侧绷线，后片纱向垂直。注意：后领窝顺序弯度扦线条格面料，领子与背中对条

工序编号	工序名称	操作标准及注意事项
608	卡领底拉绒	针距：9 针 /3cm。从肩缝起针，顺后领口弯度卡线。注意：后领口纱向要垂直，并且圆顺
609	钉吊领	按照工艺标准要求的长度 +1cm 缝份剪吊领。根据色卡确认吊领颜色，钉吊领时吊领中对准后背中，上端对准领座缝，吊领要有 0.1cm 余量。两端各折 0.5cm 缝份钉领吊。注意：钉吊领方法按式样要求
701	缝袖号	将大袖号，用平缝机大针距缝上
702	合内袖缝	针距：12 针 /3cm。缝份 1cm，大袖在上面两个剪口之间，小袖吃 0.3cm 余度，其他部位上、下部位两片必须平缝。注意：缝份均匀，中间余量待吃均匀
703	劈内袖缝	小袖平放在工作台上，纱向垂直。劈缝时熨斗过大袖不超过 2cm。注意：袖缝不准抻长，大袖不准压皱，根据面料调试熨斗温度。另外，缝份不准有亮光
704	扣袖口折边	将面料按折边剪口对齐，宽度要一致。注意：内袖缝对折时缝要对上，不许抻拉，否则袖口纱向不直
705	扣大袖开衩	扣熨开衩时，开衩宽度要与样板符合，上端与外袖 1cm 缝份顺直
706	内袖缝定型	大袖在里侧，小袖纱向垂直自然摆放定型。注意：根据面料确定是否定型，缝份不准有亮光
707	画袖扣眼位置	按照式样书使用样板，将样板放在反面，与大袖口折边和开衩的折印对齐点扣眼位
708	锁袖装饰扣眼	根据装饰扣眼个数和长度调试机器，缂线松紧适宜，面料不准有皱。注意：装饰扣眼间距一致
709	合里内袖缝	针距：12 针 /3cm。缝份 1cm，大、小袖两片平缝。注意：缝份均匀，不准有皱
710	劈里内袖缝、折袖山	缝份倒向大袖，折压 0.2cm 余量。大袖山折压 1cm 缝份
711	缝合袖口里子	针距：6 针 /3cm。缝份 1cm，大、小袖两片平缝。注意：缝份均匀，不准有皱
712	合外袖缝	针距：12 针 /3cm。缝份 1cm，大袖在上面，两片平合，剪口对上。注意：条格面料从上至下全部对格
713	缝合三角开衩	按袖口的剪口对折匀三角。注意：松紧适宜
714	袖开衩手缝	将大袖折边下端开衩的部分手缝至小袖口上 2.5cm。注意：开衩角不要外翘
715	劈外袖缝	按大袖纱向自然放平，开衩拐角处小袖打剪口。袖缝不准抻长，向里归劈。注意：袖山缝份部位圆顺，袖口不准有亮光，如果是三角开衩，将里侧缝份折叠方正后劈缝
716	绷缝袖口	大袖盖小袖 0.1cm，小袖按自然角度放大针距扦线
717	钉袖扣	根据色卡确认扣子颜色，钉时要保证距边尺寸，每个扣都要压住扣眼线辫尾端的正中间，并保持扣间距一致，如果是叠钉扣子，间距不能小于 1.1cm，以免断针，扣子排列整齐。注意：不要将里子钉上，按式样书确认 "=" 钉或 "×" 钉
718	合里子外袖缝	针距：12 针 /3cm。缝份 1cm，大、小袖两片平缝，缝份均匀，袖口部位将袖里紧靠面袖边缘，里、面松紧适宜
719	固定内袖缝折边	按袖口折边。自然放平，将缝份扦住。注意：缝份要平，不要有坑
720	平外袖缝里子	缝份倒向大袖，折压 0.2cm 余量
721	手缝袖口里子	在反面手缝，针距 1 针 /0.3cm，拉力松紧适宜，里子和面自然平缝

续表

工序编号	工序名称	操作标准及注意事项
722	固定缝内外袖缝	里小袖与面小袖相对，以附袖里的位置对折里子给 0.2cm 余量，从袖口向上约 12cm 的位置，里面一起固定 1.5cm 长
723	手缝内外袖、翻袖	针距：1 针 /2cm，从绷缝机固定开始向上里、面缝份一起固定 1.5cm 长，内袖缝约 10cm 长针距之间线要松弛，然后把袖翻到正面
801	对袖号	按照规格号、顺序号、袖子和身核对，并辨别面料颜色，必须一致
802	绱袖子	针距：12 针 /3cm，缝份 0.8cm。将袖子的纸号拆掉并核对是否与身符合。先绱右袖：身和袖子纱向垂直摆平，从前片第一剪口开始，袖子和身剪口对上，余量分配均匀，弯度自然符合。注意：左、右袖前后一致，绱袖缝份均匀，袖山圆顺
803	熨袖窿一周	按袖窿弯度放在工作台上，袖子纱向自然顺直，熨斗超过绱袖线 1cm，把袖子的余量均匀归平，不准压死褶，弯度部位不能抻，如有上袖不顺或吃量不均匀及时返回修理
804	绱袖窿条	左袖子从前袖窿下第一剪口部位开始，袖窿条缝份和绱袖缝份对齐，绲线与绱袖线重合绱至距第一剪口上 5~6cm 处开始，袖窿条给余量（约 9cm 长给 1.5cm 余量）。缝至肩缝下 3cm 处，以肩缝前、后各 3cm 身与袖窿条平缝，后片 3cm 以下约 9cm 长袖窿条给 0.5~0.6cm 余量，其他部位平缝。右袖窿从后端开始，位置同左。注意：左、右方法相同，位置相同，袖窿条和袖面完全吻合，否则两层皮或出现打绺现象
805	打袖山剪口	按式样书要求的劈缝尺寸开剪，剪口距绱袖线 0.2cm。注意：打斜剪口不容易抻
806	劈袖山	按肩部形状与模具角度相符，前、后纱向垂直，袖山要直，将身与袖缝份劈开压实。注意：不准抻，前后片纱向垂直
807	手缝前袖窿	针距：1 针 /1cm。将前袖窿自然放平在工作台上，从肋片缝处起针，前片纱向垂直，稍向外推，距绱袖缝 0.2cm，手缝至前袖窿第二剪口的位置。注意：胸衬与面吻合不准有斜绺
808	绷缝前肩和袖窿	针距：1 针 /0.5cm。按肩线形状固定肩缝和肩缝前后各 2cm，前肩部位纱向垂直，驳头卷两道靠近绱袖缝绷线。后袖窿面料给 0.6cm 余量，肩垫抻平，看反面缝份靠近绱袖缝绷线。注意：袖山顺直前、后袖窿圆顺，肩垫不准有凹凸现象
809	绷缝袖窿里子一周	①先将里肩缝与面肩缝对上固定。②绷缝后袖窿时里子在下面，从肋片绷至肩缝。③绷缝前袖窿时，里子在上面，接着绷缝肋片里子。注意：里子一周余量绷缝均匀，绷缝线不准超过绱袖线，前胸里子稍有余量，否则前胸起绺。肋缝、肋片缝里面对上
810	割肩垫	按式样要求的宽度割肩垫，里子在下面放平，不准打死结，如果肩垫割 1.8cm 宽度，袖窿下端缝份割 0.8cm。先不下刀绷缝一周，然后再下刀（不带线）割一周，袖山部位用剪子净 0.5cm 坡度。注意：左、右宽度相同
811	夹汗垫	确认汗垫前后，前端剪口与肋片缝对上，汗垫弯度与袖窿弯度吻合，0.5cm 缝份大针距扦上。注意：汗垫不准盖里兜口，左右角度对称。汗垫颜色与身里子颜色一致
812	双排夹吊带	袖窿上端按式样书规定的位置夹吊带，长度按扣位点位与吊带眼位吻合。注意：吊带不准盖上里兜口。
813	缝左里袖	针距：12 针 /3cm。里子内袖缝与面内袖缝对齐，并保证里子不扭，距绱袖线 0.1cm 缝里袖，过内袖缝向前 2cm 处起针至外袖缝止。注意：袖子余量均匀不准打褶
814	缝右里袖	将里子外袖缝与面外袖缝对齐，保证里子不扭，距绱袖线 0.1cm 缝里袖子从外袖缝起针至内袖缝向前 2cm 止。注意：袖子余量均匀不准打褶

续表

工序编号	工序名称	操作标准及注意事项
815	翻里袖子	将袖子翻到正面
816	归熨袖窿条	按大袖山的形状归拔。内弧弯度的余量均匀归熨，不准有褶皱
817	抽袖窿条	按照各款式样板，样板确定聚量位置，前端从下至上 5cm 的位置开始聚量至肩缝下 3~4cm 的位置止（前端约 9cm，余量 1.5cm）
818	袖山手缝	针距：9 针 /3cm。袖山里子 1cm 缝份。与缝里袖线重合 1cm。袖山中与肩缝对上，余量均匀吃入。距割肩垫线 0.2cm 手缝。注意：两端使针疙瘩不准外漏
819	袖窿里星缝	针距：1 针 /0.5cm。里子靠齐，缝份为 0.8cm，距边 0.5cm，倒针星缝，从内袖缝开始缝至肋缝过 2cm 的位置止。注意：两端使针疙瘩不准外漏
901	锁止口眼	根据扣子大小确认眼的长度和距边尺寸、个数，看贴边锁眼，纱向要摆平并垂直于止口，扣眼间距要等宽。注意：扣眼不准咧嘴或有毛茬
902	锁驳头装饰扣眼	按式样书确认眼的长度和距边尺寸，装饰扣眼位必须平行于领台如果左、右驳头都有装饰扣眼时，保证左、右对称。注意：根据式样确认眼位半开剪或不开剪
903	扣眼打结	结长 0.6cm，打结时保证扣眼长度，并压住锁扣眼的线头，防止毛漏。注意：打结要垂直，上下不准偏
904	贴边底角手缝	针距：9 针 /3cm。贴边面手缝线颜色顺面料，底摆顺直。底角里子手缝呈直角，线的颜色顺里子。注意：按色卡用线，线迹松紧适宜。里子与贴边顺直。注意：使针疙瘩不准外漏
905	领底拉绒手缝	针距：9 针 /3cm。领头不准漏毛茬。与万能机线重合。线迹松紧适宜。注意：不要缝透贴边，两端使针疙瘩不准外漏
906	后底摆手缝	针距：1 针 /0.6cm。距边 0.3cm，线松紧度为 0.2cm。底角两端不准透面。注意：扦住面一根纱。线迹不要紧，否则出现坑泡现象
907	开衩搭合手缝	按式样书要求的宽度搭合缝，不准透面
908	止口星缝	按式样书要求的针距（0.1+0.4cm）和宽度珠边。线迹松紧适宜接线头必须与原针眼重合。注意：驳口部位拨针左右要对称
909	止口星缝引线	将线头顺着原针眼引入里面
910	前肩缝装饰线	按式样书要求的针距缝线。线迹松紧适宜
911	止口钉扣	按式样要求的"＝"钉或"×"钉。用钉扣专用线。双根线钉两道（每个眼四根线）贴边钉透一针，缠脖 0.5cm。注意：钉扣针距 0.2cm，否则缠脖以后面料有皱
912	钉袖标	按式样书要求的位置和方法操作，商标与面松紧适宜，下端线头藏在袖里中。线疙瘩稍大点，如果疙瘩小，商标容易脱落或造成里子抽丝。注意：袖里子与面要平整

工 序 标 准

工序名称	粘前片袖窿条	日期		完成人		工序号	101

图　解	操作标准
	1. 右袖窿：前片按纱向放平，反面朝上。袖窿粘子母条。上端离肩缝向下 1cm 开始，距袖窿边 0.2cm。从 a~b 子母条平粘，b~c 之间拉紧，身片聚 0.2cm 余量，c~d 之间平粘 d~e 子母条拉紧，身片聚 0.2cm 余量，e~f 之间子母条拉紧平粘。 2. 本道工序前片和肋片分两次，左袖窿粘子母条，从 f 点开始。

目的和效果	注意事项
1. 粘条是为了防止袖窿变形及使前胸鼓起； 2. a~b 之间平粘，以防止袖窿变形被拉长等； 3. b~c 之间面往里送的目的是使易拉伸的地方保持不变，使胸部有立体感。	1. 左右要一致； 2. a~b 之间面料绝对不准聚，否则前胸就会起绉； 3. b~c 之间往里送，但要注意，不要有褶（要达到可以熨平的程度）。

工 序 标 准

| 工序名称 | 平前胸省 | 日期 | | 完成人 | | 工序号 | 120 |

图　解	操作标准

图解部分：

后推 1.5cm

② ① ⑤ ④ ③

操作标准：

1. ④~⑤之间用熨斗劈缝。
2. ②~③之间的纱向成直线放在案板上。
3. ①部位用手按住，部位往后推 1.5cm。
4. 出现斜缕之后，胸省前部往上赶平，胸省后部往下赶平。
5. 胸省稍往里聚些，然后用熨斗压死。
6. 从胸省到驳头、肩部都用熨斗压一遍。

目的和效果	注意事项
1. 前片纱向符合要求； 2. 防止领口往前走，防止前片打绺； 3. 领口稍往后走，袖子绱完美观； 4. 防止前止口起波浪，保证有立体感。	1. 胸省向前成弧形； 2. 胸省前部的纱向也要略微成弧形； 3. 领口不能往前走； 4. 袖窿的纱向不能弯； 5. 胸省上部的纱向不能弯。

3. 缝制车间关键工序操作标准图解

工 序 标 准 图 解

工序名称	合肋片	日期		完成人		工序号	122

图　解	操作标准
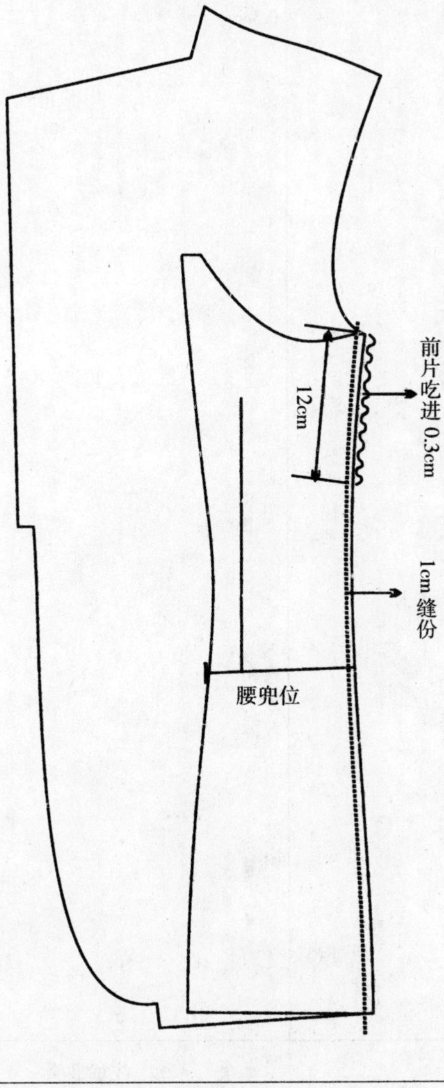	1. 针距：3cm/12 针。 2. 肋片在上，前片在下，缝份为 1cm，上端在 12cm 之内，前片吃进 0.3cm 余量，以下部位剪口对上平合。

图中标注：前片吃进 0.3cm；12cm；1cm 缝份；腰兜位

目的和效果	注意事项
1. 让肋片成直线，是为了前片腰部有立体感； 2. 从下摆往上劈，是为了防止袖窿往下变形。	1. 肋片缝不要拉抻； 2. 合缝不能有褶； 3. 袖窿下部不能有变形。

工 序 标 准

工序名称	粘肋片袖窿条	日期		完成人		工序号	124

图 解	操作标准
	①~②之间面料往里聚，斜条部位拉开，直条部分放平粘，要把面料聚进去0.3cm。

目的和效果	注意事项
1. 此处是容易拉抻的地方，要保持原有形状； 2. 要使肋侧有立体感； 3. 要与后背袖窿很圆顺地接上； 4. 为了绱袖好绱。	1. 用熨斗把皱压平； 2. 左右余度平衡及长度形状要一样。

工 序 标 准

工序名称	绲前肩条	日期		完成人		工序号	126

图　解	操作标准
	1. ②~③之间牵条，不能超过毛边，平缝。 2. ①~②、③~④之间各 1.0cm 不扦条。 3. 平缝位置是在平行毛边往下 0.3~0.4cm 的位置上。

1.0cm
① ②
0.3 ~ 0.4cm 卡线
③ ④
1cm

目的和效果	注意事项
1. 避免不必要的伸缩； 2. 要保持肩线的形状，必要的伸缩保证尺寸； 3. 保证后肩余量； 4. 为使合肩缝容易； 5. ①~②、③~④之间不牵条是为了让缝份薄，定型不出印； 6. 不抻条是为了让肩缝有一定伸缩性。	1. 硬面料使用斜条，软面料使用半斜条； 2. 片和条都要平，但绝对不能紧； 3. 缝合线不能紧； 4. 条的位置要正确。

工 序 标 准

工序名称	前片定型	日期		完成人		工序号	144

图　解	操作标准
往上纱向向后弯 往下纱向要直 余量 上提 纱向垂直 省缝向前弯	1. 正面在上，止口部位朝定型机里侧。 2. 省缝略向前弯约 0.3cm。 3. 第一扣眼以下纱向垂直。以上纱向朝袖窿方向弯。 4. 胸围横纱向要直，肩部纬纱直，经纱略向后弯。 5. 胸部从上往下给 0.3cm 余量，使胸部隆起。 6. 肋片缝上端上提，横竖纱向垂直。 7. 袖窿弯度的余量要归平。

目的和效果	注意事项
保持前身立体效果，使服装造型饱满。	根据面料确定是否定型或调压力，左、右片形状要对称。

工 序 标 准

工序名称	粘胸衬	日期		完成人		工序号	145

图 解	操作标准
拉伸 0.4～0.6 此处给 0.4～0.6 松度 ② ③ ④ ① 前片（正）	1. 身片和胸衬按规格号。 2. 前片里面朝上，止口里侧，省缝中间部位向前推，使省略前弯。腰兜口后端上提，腰节部位的余量归平。 3. 胸衬以驳口线上端向后约 0.5cm 下端 1cm，驳口部位与面粘合，胸衬横竖纱向找正，熨平。 4. 翻过来正面朝上，检查前片纱向，腰兜口前纱向是否垂直。 5. 肩部从领口往后 3cm 处面朝下给余量 0.3cm。熨斗归平。胸衬后拉使袖窿处隆起，归出形状。 6. ①～④为缝纫步骤。

目的和效果	注意事项
1. 为了使胸部有立体感； 2. 为使整体不扭劲，起补强作用； 3. 为防止前肩打绺； 4. 为使胸部鼓起的量不消失。	1. 胸衬和面要成一体； 2. 止口附近纱向横竖要垂直； 3. 面料横、竖、斜都不能多； 4. 胸衬不要过驳口线，左、右片纱向和形状要对称。

工 序 标 准

工序名称	绷缝胸衬	日期		完成人		工序号	146

图　解	操作标准
前片（正）	1. 针距：1针/1cm。 2. 左前片正面朝上，止口在机器里侧，按纱向把前片放平。 3. 省中间部位稍向前推，使省缝呈弧形，上下方向稍抻，使胸衬有余量，离省缝向前0.3cm绷缝机绷缝至腰兜口胸衬最下端，针距为1cm，省缝份与衬料绷缝固定。 4. 腰兜口前兜布与胸衬绷缝。 5. 胸兜口前端兜布与胸衬绷缝上。后端胸兜牌部位给0.2余量，兜布与胸衬绷缝。 6. 从省尖部位往上平绷缝过胸兜上7cm位置止，以上按面料厚薄决定0.4~0.6cm余量均匀绷缝。 7. 肋片缝部位稍微上提，横竖纱向垂直，顺袖窿弯度向上绷缝，胸部余量平行绷缝。 8. 从领口往下绷缝，驳头向外抻着绷缝到胸兜牌上端止，以下放平绷缝到第一扣眼处。 9. 第一扣眼位至胸衬最下端面料稍抻，使胸衬有余量。 10. ①~④代表绷缝顺序。

目的和效果	注意事项
1. 固定胸衬和面料； 2. 固定肩的余量（领口往里带的量）； 3. 做出前肩形状。	1. 左、右片余量相同，扣眼之间衬料要给余量，避免面起泡，驳头折过来后胸兜部位前端身不准有绺； 2. 止口的纱向向外稍成弧度； 3. 胸衬和面料成一体； 4. 面料横、竖、斜方向都不能多； 5. 领口向后走的量和要求一致（左右相同）； 6. 用手拎起领口部位观察：胸部是否往里凹，止口附近是否不打斜绺面向内侧卷。

工 序 标 准

工序名称	粘驳口直条	日期		完成人		工序号	149

图 解	操作标准

<table>
<tr><td>

上端 5cm 平粘

13 ~ 15cm
余量 0.3~0.6cm

1.5cm 直条

0.5cm 间距

3cm

胸衬

前片（背）

</td><td>

1. 左前片两粒扣：止口朝里侧平放在工作台上，直条距离第一扣眼位向上 3cm 过衬料 0.5cm，条拉平粘约 7cm，中间胸部 13~15cm，衣片有 0.3~0.6cm 的余量，条拉紧余量分布要均匀粘（根据面料厚薄确定余量）。上端约 5cm 条拉平粘。

2. 正面朝上，前片纱向找正。前胸量自然归平。

</td></tr>
</table>

目的和效果	注意事项
1. 让胸的弧形和省的量正好相辅； 2. 止口不往外翻； 3. 串口线正好在适当的位置上。	1. 根据面料厚薄确定余量，粘直条不要过驳口线； 2. 保证粘条往里聚的位置和往里聚的量正确； 3. 与驳口线平行，位置正确。

工 序 标 准

工序名称	粘后袖窿条	日期		完成人		工序号	203

图 解	操作标准
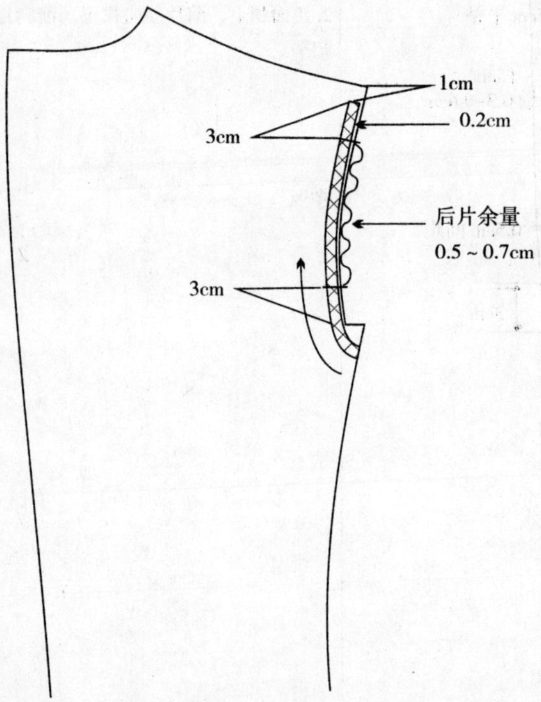	1.左袖窿：后片按纱向放平，反面朝上。袖窿粘子母条。从下往上粘，上端离肩缝向下 1cm 开始。距袖窿边 0.2cm，上端和下端各 3cm 平粘，袖窿中间部分后片聚 0.5~0.7cm 余量（根据面料厚薄确定余量大和小）。 2.右袖窿：从上往下粘条。

目的和效果	注意事项
1.防止袖窿变形，让后袖窿膨起来符合人体结构，用子母条固定住； 2.为缩袖效果好。	1.左右片余度相同，长度相同； 2.聚褶不能太多，熨斗熨完，褶即消失。

图中标注：1cm、0.2cm、3cm、后片余量 0.5~0.7cm、3cm

工　序　标　准

工序名称	缝后领口布条	日期		完成人		工序号	206

图　解	操作标准
	1. ①~②之间将领窝后领窝条搭在一起，平缝上。 2. 位置从毛边往下 0.5cm。 3. 合肩缝时要把后领窝条的边合上 0.5cm。

目的和效果	注意事项
1. 为了固定后领窝的长度； 2. 为了保证绱完领子之后领窝不紧； 3. 使领绱完后，领窝稳定。	1. 后背中心缝份不能紧，余度也不能太大； 2. 领窝不能变形； 3. 条不能紧； 4. 要注意缝完之后领窝不能紧。

工 序 标 准

工序名称	勾止口	日期		完成人		工序号	302

图　解	操作标准
	1. 针距: 3cm/12 针。 2. 左前片, 前片在上面, 贴边在下面, 从上至下约 5cm。前片与贴边平勾。以下部位前片给 0.3~0.4cm 余量。 3. 第一扣眼至第二扣眼之间贴边给 0.4~0.6cm 余量, 以下部位前片与贴边平勾, 圆角部位前片给 0.2cm 余量。 4. 领台圆角折叠勾, 给 0.2cm 余量。

（图解中文字）
5cm
贴边给余量 0.3cm
前片给 0.3~0.4cm
贴边给 0.4~0.6cm
腰兜口
前片和贴边平勾
圆角前片给余量

目的和效果	注意事项
1. 防止前片下摆往外翻; 2. 防止两扣之间的贴边紧; 3. 驳头翻过来后自然美观; 4. 防止驳头尖往上翘; 5. 防止驳头出褶; 6. 使前胸有立体感, 保证驳头往外翻的余度, 防止贴边紧。	1. 左右要一样; 2. 余度部分要均匀; 3. 止口驳头纱向条格要一样。

工 序 标 准

工序名称	平止口	日期		完成人		工序号	306

图解	操作标准
前片倒吐 0.1cm 腰兜口 贴边倒吐 0.1cm	1. 把前片自然放在工作台上，然后踩吸风，不准抻。 2. 第一眼位以上前片倒吐 0.1cm，以下贴边倒吐 0.1cm。 3. 左、右领台角用锥子挑圆顺。 4. 贴边余量均匀熨平。

目的和效果	注意事项
防止贴边反吐，顺直美观与板一致。	止口不可拉抻变形。

工 序 标 准

工序名称	绷缝贴边	日期		完成人		工序号	308

图解	操作标准
驳头向外卷 0.3～0.4cm 余量 0.3～0.4cm 余量 贴边（正）　里子（正） 向里翘起	1. 针距：cm/1 针。 2. 固定第一扣眼位驳口余量。 3. 与烟兜平齐的位置看贴边从止口方向往里绷缝固定。 4. 串口线部位纱向横竖垂直绷缝。 5. 驳头卷两道看面绷缝（根据面料厚薄不同确定驳口余量）。 6. 圆摆部位向里翘起看贴边绷缝，第一扣眼至第二扣眼之间贴边给 0.3cm 余量。绷缝到里兜扣处停止。 7. 里兜口上端从上向下绷缝，胸部位给 0.3~0.4cm 余量，均匀绷缝到胸部位里兜口对上。 8. 贴边最上端固定检查对左右是否对称。

目的和效果	注意事项
1. 防止止口外翻、起包等； 2. 前片余度平衡、余度不能跑掉； 3. 保证驳头翻过来的余度； 4. 串口线处不能有褶； 5. 为贴边里面好扦； 6. 防止领角有坑； 7. 用扦边机扦好以固定余度。	串口线贴边纱向垂直，驳口余量根据面料厚薄确定，驳头自然弯曲，圆摆向里自然弯曲。

工 序 标 准

工序名称	合 肋 缝	日期		完成人		工序号	401

图 解	操 作 标 准

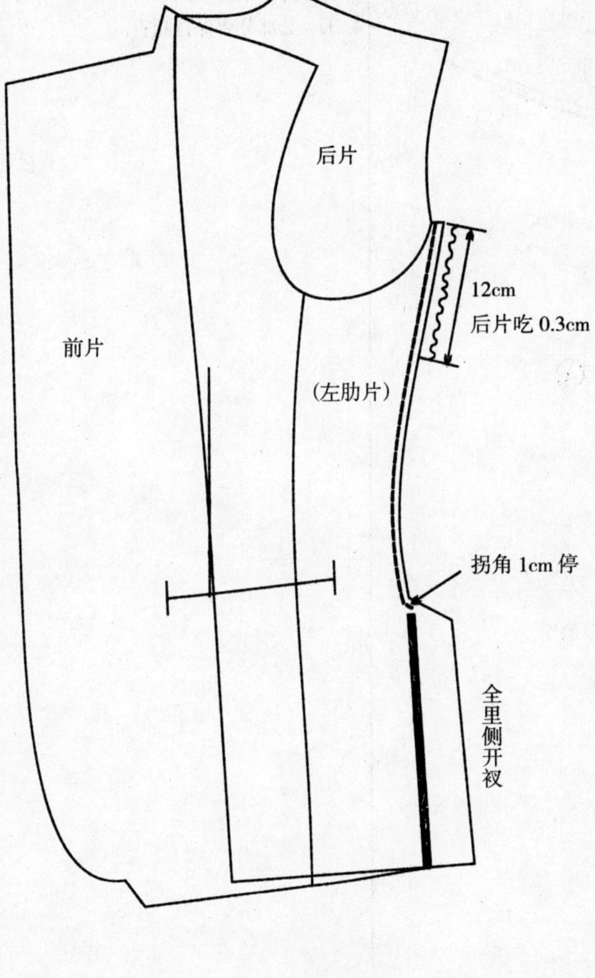

图解部分标注：
后片
前片
（左肋片）
12cm
后片吃 0.3cm
拐角 1cm 停
全里侧开衩

操作标准：

1. 针距：3cm/12 针。

2. 后片在上面，前片在下面，从上往下合，缝份 1.3cm。上端 12cm 长，后片带 0.3cm，以下两片平合至底摆（无侧开衩）。

3. 全里侧开衩：合至开衩拐角 1cm 止。

4. 侧开衩下端缲直条，6cm 长的部位身给 0.2cm 余量，以下部分直条给量缲至底摆下端。

目 的 和 效 果	注 意 事 项

目的和效果：

1. 为了能使缲袖正确；

2. 上端 12cm 长的聚褶是为了使袖隆不往下坠，缲袖圆顺，后背美观，符合人体；

3. 后袖隆粘条聚褶同上端 12cm 长的聚褶要形成一体，使后背有一个整体的立体感。

注意事项：

1. 后片要按照规定往里聚褶；

2. 必须对号组合。

工 序 标 准

工序名称	劈肋缝	日期		完成人		工序号	403

图　解	操作标准
	1. 劈缝时肋缝不要抻出来，特别是肋上部。 2. 劈缝时要整理好后背粘条聚的量。 3. 腰部缝份聚的量归进去。 4. ①～②部分要保持顺直。

②

A

①

腰节

目的和效果	注意事项
1. 为不让后袖下余度跑掉； 2. 为使后袖下外观美； 3. 为防止肋缝有褶（如果抻出来就会出褶）。	1. 后袖下（A虚线部位）不要朝后背方向弯； 2. 缝份不要倒过去； 3. 后背缝窿不要出褶。

工 序 标 准

工序名称	合面肩缝	日期		完成人		工序号	414

图　解	操作标准

图解部分：

后片

2.5cm

① ② ③

后片余量 1~1.2cm

前片

操作标准：

1. 针距：3cm/12 针。

2. 前片在上面，后片在下面，1cm 缝份。先固定靠袖窿这端，两片平合 3cm。

3. 从领口向里 2.5cm 两片平合，然后后片余量①部位多，②~③渐渐由多至少合至末端。

目的和效果	注意事项
1. 保护后肩余量合理； 2. 肩的斜度是为了保证肩胛骨部位高度的需要及前肩的形状。	1. 不要抻前片合，否则肩宽尺寸会大； 2. 左、右肩余量分配相同，缝份均匀。

工 序 标 准

工序名称	劈面肩缝	日期		完成人		工序号	415

图　解	操作标准
后片 粘6cm长直条 3cm处向前凹 纱向垂直 前片	1. 先用熨斗把缝份轻劈开。 2. 劈熨肩线形状，靠领口3cm长位置稍向前凹形，其他部位顺前片纱向，肩线圆顺熨烫，肩缝末端向前弯，粘6cm长直条固定。 3. 定型机固定形状。

目的和效果	注意事项
1. 用熨斗往里归目的是将合缝时抻出来的部分归进去； 2. 纱向要找直； 3. 确认后片余度是否合理； 4. 为了后一道工序（绷缝领口）。	1. 看前片肩缝儿附近的纱向有没有弯，特别注意左侧； 2. 横纱向不要弯（容易成人形）； 3. 竖纱向在领口处成直线或多少向肩方向成一定弧度（如果方向相反，绝对不可以）。

工 序 标 准

工序名称	绷缝前领口	日期		完成人		工序号	417

图解	操作标准
	1. 针距 0.5cm/1 针。 2. 首先前片纱向横竖垂直，肩线摆放圆顺。前领口从肩缝向下给 0.3cm 余量。先固定肩缝 1cm 长然后从串口线向上距边 0.5cm 余量均匀绷缝到肩缝。 3. 将领口稍微翘起，沿着肩线绷缝 4cm 长拐向下约 7cm 使胸衬下面有 0.2cm 余量，符合人体形状。

4cm

后片

0.3cm 余量

前片

目的和效果	注意事项
保持前肩形状，另外防止肩打绉。	保持领口余量。

工序标准

工序名称	绱领子	日期		完成人		工序号	603

图解	操作标准
领 拉绱 领地衬 绱领 0.7cm 缝份 肩缝 领座吃 0.2~0.3cm 量 4cm 左右	1. 针距：3cm/12 针。缝份 0.7cm。 2. 按前片串口角度打样板，画上领位。 3. 先绱左片领子串口线部位，身和领子纱向摆正。 4. 绱右片串口线，在领口拐角处打剪口，绱至肩缝。领座余量约 0.3cm，带到靠肩缝这端后领窝地方。肩缝和后背中剪口对上。

目的和效果	注意事项
能确保领面平服，领外口圆顺，松紧适宜。	串口线要顺直，左、右角度相同。领台和领头左、右对称。

工 序 标 准

工序名称	合内、外袖缝	日期		完成人		工序号	702、712

图　解	操作标准
大袖在上面 1cm 小袖吃0.3cm余量 大袖 小袖	1. 针距：3cm/12针。 2. 合内袖缝：大袖在上，1cm缝份，剪口之间小袖吃0.3cm余量。 3. 合右袖外袖缝，大袖在上面，1cm缝份。从袖山上端开始两片平合至袖口开衩下端（左袖从袖口起针）。

目的和效果	注意事项
	1. 缝份均匀，不准有皱； 2. 条格面料从上至下全部对条格。

工 序 标 准

工序名称	绱 袖 子	日期		完成人		工序号	802

图　解	操作标准
	1. 针距：3cm/12 针。 2. 右袖：缝份 0.8cm 以前片下端第一剪口开始。①~②之间 0.3cm 量、②~③ 1.2cm 余量、③~④之间 1cm 余量，④~ ①1.4cm 余量，身和袖子纱向摆平。一周余量按剪口均匀吃进。 3. 根据面料厚薄，制作样板袖山一周余量。 4. 左袖从袖外缝④开始起针，按剪口均匀绱一周。
目的和效果	注意事项
确保袖山圆顺，有立体感。	左右袖必须保持一致、对称。

工　序　标　准

工序名称	绷缝前肩和袖窿	日期		完成人		工序号	808

图　解	操作标准
	1. 针距：0.5cm／1 针。 2. 手针固定前片袖窿下端针距 1cm，从肋片缝开始起针。前片纱向垂直。面料向外推缝到上袖第二剪口位置。 3. 绷机按肩线形状固定，肩缝和肩缝前后各 2cm，前肩部位看正面，按前片纱向横竖垂直，驳头卷两道靠近上袖缝绷缝。 4. 后袖窿面料给余量 0.6cm。肩垫抻平，看反面缝份靠近上袖缝绷缝。

目的和效果	注意事项
使袖窿弧更加具有立体的形态。	袖山顺直，前、后袖窿圆顺，肩垫不准有凹凸现象。

4. 样品制作工作标准

样品制作人员肩负着确认样品和开发样品的缝制工作。确认样品是意向达成后，客户所做的批量生产先行确认样品，开发样品是订单意向达成之前，客户根据市场近期和未来的需求所研制开发的新产品。前者样品缝制的质量好与坏，将直接影响已达成的意向合同是否能真正履行，后者将对企业未来的发展产生一定的影响（即企业未来订单的落实情况）。所以样品制作人员的工作是艰巨而富有挑战。

为此，样品制作人员必须做好如下几个方面的工作：

①在接到样品裁片、样品指示书及样板后，首先要进行核对，确认裁片、式样、样板是否相符，如不符，要同裁片、式样标准、样板制作等人员确认后再进行工作，并做好问题的（修正）记录；

②缝制中要严格遵照客户的技术指标和质量指标的要求去工作；

③样品制作人员，负责对样品所用辅料单用量的核对，对所用辅料单用量特别是超用部分（客户提供不足）要测量准确上报给工艺员，及时同客户取得联系，从而给批量生产的正常生产提供保障；

④缝制中对影响样品技术指标和质量指标的所有因素，样品制作人员要做好记录并加以分析（裁片、工艺、样板），提出修改意见，确保以后批量生产的正常生产；

⑤样品制作人员负责发货前的质量检测工作，检测时必须准确无误，再按照式样要求准确填写好尺寸表；

⑥样品制作人员负责样品发货前的包装工作。包装是样品制作的最后一道工序，在包装前要对所有的样品做好最后一次自检，发现问题要及时进行修理，包装要严格按客户式样要求去做（各种吊牌、产品折叠方法等），不准漏项。

以上是样品制作人员的工作职责，样品制作人员要按上述职责去认真执行。

5. 上衣定型整熨工作标准

①外袖缝定型：根据面料调试设备温度、压力、时间、吸风，把袖子套在模具上，外缝部位占中，内侧袖里子要平服，袖肘部位均匀，归量 0.2~0.4cm（根据面料确定）开衩部位垫网布，防止有印痕，踩吸风，检查大小袖纱向是否自然顺直，然后按照程序定型。

自检：袖外缝部位圆顺有立体感。不准有坑或缝份印。

②前片定型：根据面料调试设备温度、时间、吸风，将衣片按模具形状摆平里子，然后放蒸汽，使前片纱向恢复自然后再吸风整理，止口顺直不准倒吐的现象。省略前弯0.3cm 呈弧线，兜口要直，上下兜牙闭合，条格面料兜盖与前身要条格，底摆顺直，圆摆处约给 0.3cm 余量，使其窝势达到立体效果，前胸纱向垂直，把兜盖下端垫上网布，然后按照程序定型。再用熨斗将兜盖下端和肋片部位折印熨平。

自检：前片圆顺，纱向顺直，有立体感

③后背定型：根据面料调试设备温度、压力、时间、吸风，将后背按模具形状里、面摆平，背中缝顺直。后片纱向垂直开衩顺直，底摆前后顺直，肋缝上端 10cm 以内归

余量 0.3cm。

自检：背中缝顺直，左右片效果对称不准有缝份印或亮光。

④肩部、袖子定型：根据面料调试设备温度、压力、时间、吸风及袖子扩张力，将衣服套在模具上，肩部定位灯照在肩缝交叉点处，然后放蒸汽整理肩形并往里归，使袖窿圆顺，然后启动机器定型肩部，最后整理面袖纱向，袖里要求平顺，把内袖缝里子的余量上提整理好，启动机器按程序定型。

自检：袖面平顺有立体感，左右袖形对称，肩线圆顺。

注意：肩线不准抻，外袖缝不准抻。

⑤袖窿定型：根据面料调试压力、蒸汽量和吸风时间。将袖窿翻到里侧，以肩线为中心。

先压前袖窿：左手捏住肩线向下 1cm 处，右手捏住袖窿下端，里子靠实，余量分布均匀，按袖窿弯度自然放在模具上定型，再顺次向下移动压前袖窿下端，顺着弯度将余量归熨平。

后袖窿：左手捏住肩线向下 1.5cm 处，右手捏住袖窿下端，里子靠实，余量分布均匀，按袖窿弯度自然放在模具上定型，再顺次向下移动压后袖窿下端，顺着弯度归熨平，并且下端前后相接（一只袖窿压 4 次），左右袖窿方法相同。

自检：挂在衣架上前后袖窿圆顺，有立体感，身和袖子不允许力量，不准有亮光或折印现象。

注意：袖窿弯度不能抻，袖里子不准压折印。

⑥整理前片：根据面料调试熨斗温度，将前片平铺在熨台上，将兜盖下端的印痕处理掉。前胸纱向垂直熨平，胸兜牌口熨平，用吸风把前片的浮印处理掉。将衣服挂在衣架上，左手托起胸部归熨使其隆起。

自检：前肩纱向垂直，整个前片有立体感，不准有亮光和折印现象。

整理后片：根据面料调整熨斗温度，将背中缝份印痕，后袖窿定型、底摆折边缝份印痕及整体处理，需少量放蒸汽。然后顺领子，要按照驳头宽度与翻驳位置上下顺直，上端过串口线向下 5cm 压死，以下部位自然圆顺。

自检：左右片效果要一致，底摆顺直，不准有亮光和折印现象。

⑦平领：根据面料调试设备温度、压力、时间、吸风，领面摆放在模具上打蒸汽，使纱向恢复垂直状态，根据驳口是否到位的程度来确定归量大或小，领面左右相同并定型。再按翻领线折压后领中约 10cm 长度。再将驳头部位平铺在工作台上，驳头翻折、驳口线顺直，用驳头样板测量宽度并且定型。

自检：驳头宽度及圆角左右对称并与规定尺寸符合，不准有亮光。

⑧领子定型：根据面料调试设备温度、压力、时间、吸风。将衣服套在模具上，按翻领线把领子折好，打蒸汽、吸风，使领口靠实，按工艺要求测量驳头宽度和翻驳点位置，驳口线上下顺直，不能用力下拉，左右各部位一致，要保持按程序操作。

注意：后背中心纱向与领面纱向顺直，条或格子面料严格对上。

自检：领面自然平服，左右领形及串口角度要一致，翻领宽和领座宽与标准尺寸符合，不准有亮光现象。

⑨驳头定型：根据面料调试设备温度、压力、时间、吸风。将衣服捏住双肩放在定型机器凹道中间，左右驳头自然平放在模具上，驳口线紧靠模型上，上端放在领角上约4cm处，下端放在第一扣眼位处，踩吸风整理串口及驳头角度，纱向顺直，戗驳头的驳头角处不能有坑，左右各部位一致后启动机器按程序操作。

自检：驳头倒吐0.1cm，驳口线与翻驳点自然顺直。左右形状相同并有立体感。

⑩压袖山：将肩部位套在模具上，袖山边缘紧靠模具边缘，肩线要圆顺，前后肩部各定型一次，然后将袖山部位平套在模具上，袖山边缘紧靠模具边缘，纱向要垂直，首先袖山中间定型，其次前袖山定型，最后是后袖山定型，然后再用熨斗将外袖缝的缝份印处理掉。

自检：袖山圆顺，肩垫自然坡顺。

⑪熨后领口印：将后肩部位按领口弯度平套在模具上，纱向要垂直，用熨斗把印痕熨平，再将领外口的缝份印熨平。

自检：后领口与衣架吻合，不准有打绺现象。

⑫熨里子：根据里料调试熨斗温度，衣服平放在工作台上，把左右袖口里子折印熨平（袖口里子距边2cm），不要用蒸汽，避免袖面有皱。再将右前片展开，整理胸省、兜牙及各部位的折印，如果半里子式样，前片里子要盖至肋缝，贴边纱向上下要顺直，面、里底摆距边等宽，压死商标部位里子不准有皱，左同右。后片里子整熨，先固定背中缝，按规定的余量压等宽，其他各部位折印熨平（半里子与产品背中缝和肋缝的缝份印处理干净）。

自检：里子各部位不要有亮光或折印。背中缝、肋缝部位不能起波浪。

⑬后整理袖子：根据面料调试熨斗温度，少放蒸汽。将袖山处理圆顺，如果袖窿条有折印，将其熨平使其圆顺，大小袖的定型印熨平，袖口熨直。

自检：袖子一周圆顺，内外袖缝不准有皱，袖面顺平靠身，左右袖形一致。

⑭最终整理：各部位定型印处理掉，驳头自然圆顺，前片平整。袖山圆顺，袖形左右效果一致。

自检：各部位达到客户要求的理想效果。

五、锁眼钉扣

服装中的锁眼和钉扣通常由机器加工而成，扣眼根据其形状分为平形孔和圆形孔两种，俗称为睡孔和鸽眼孔。

平形孔：普遍用于衬衣、裙、裤等薄型衣料的产品上。

圆孔：多用于上衣、西装等厚型面料的外衣类上。

锁扣眼应注意以下几点：

①扣眼位置是否正确。

②扣眼大小与纽扣大小及厚度是否配套。

③扣眼开口是否切好。

④有伸缩性（弹性）或非常薄的衣料，要考虑使用锁眼时在里层加布补强。纽扣的缝

制应与扣眼的位置相对应，否则会因扣位不准造成服装的扭曲和歪斜。钉扣时还应注意钉扣线的用量和强度是否足以防止纽扣脱落，厚型面料服装上钉扣绕线数是否充足。

六、整　烫

人们常用"三分缝制七分整烫"来强调整烫是服装加工中的一个重要的工序。整烫的主要作用有三点：

①通过喷雾、熨烫去掉衣料皱痕，平服折缝。

②经过热定型处理使服装外型平整，褶裥、线条挺直。

③利用"归"与"拔"熨烫技巧适当改变纤维的张缩度与织物经纬组织的密度和方向，从而塑造服装的立体造型，以适应人体体型与活动状态的要求，使服装达到外形美观、穿着舒适的目的。

影响织物整烫的四个基本要素是：温度、湿度、压力和时间。其中熨烫温度是影响熨烫效果的主要因素。掌握好各种织物的熨烫温度是整理成衣的关键问题。熨烫温度过低达不到熨烫效果；熨烫温度过高则会把衣服熨坏造成损失。

各种纤维的熨烫温度，还要受到接触时间、移动速度、熨烫压力、有无垫布、垫布厚度及水分等因素的影响。

整烫中应避免以下现象的发生：

①因熨烫温度过高、时间过长，造成服装表面的极光和烫焦现象。

②服装表面留下细小的波纹皱褶等整烫疵点。

③存在漏烫部位。

七、成衣检验

服装的检验应贯穿于裁剪、缝制、锁眼钉扣、整烫等整个加工过程之中。在包装入库前还应对成品进行全面的检验，以保证产品的质量。

成品检验的主要内容有：

①款式是否同确认样相同。

②尺寸规格是否符合工艺单和样衣的要求。

③缝合是否正确，缝制是否规整、平服。

④条格面料的服装检查对格对条是否正确。

⑤面料纱向是否正确，面料上有无疵点、油污存在。

⑥同件服装中是否存在色差问题。

⑦整烫是否良好。

⑧粘合衬是否牢固，有无开胶或渗胶现象。

⑨线头是否处理干净。

⑩服装辅件是否完整。

⑪服装上的尺寸标、洗水标、商标等与实际货物内容是否一致，位置是否正确。

⑫服装整体形态是否良好。

⑬包装是否符合要求。

八、包装入库

1. 服装包装方法

服装的包装可分挂装和箱装两种，箱装一般又有内包装和外包装之分。

内包装指一件或数件服装入一塑料袋或内盒，服装的款号、尺码应与标识一致，包装要求平整美观。一些特别款式的服装在包装时要进行特殊处理，例如扭皱类服装要以绞卷形式包装，以保持其造型风格。

外包装一般用纸箱包装，根据客户要求或工艺单指示进行尺码、颜色搭配。包装形式一般有混色混码、独色独码、独色混码、混色独码四种。装箱时应注意数量完整，颜色尺寸搭配准确无误。外箱上的箱所标明的客户、指运港、箱号、数量、原产地等内容与实际货物相符。

2. 包装工作标准

包装是工厂产品出口的最后一道工序，所以至关重要。为了确保产品质量，实现生产企业的质量目标：产品出厂合格率100%，包装车间每道工序要严格按以下标准执行。

(1) 检针员

每天上班前打开电源测试机器灵敏度（不得少于三次以上），将数量牌调至零。首先确认产品的合同号是否有串款，查数量，然后进行检针工作。将上衣从衣架上拿起，将左右后片对折，按照左右顺序进行工作。裤子进行检针时，根据面料而确定，面料厚时不得超过3条，面料薄时不得超过5条。所有的产品在入库前必须经过检针工作。

(2) 挂牌员

首先参照样卡将产品的制品对照完整，确认是否正确。然后按照包装方法的指示将不同的牌分别挂至不同的位置，同时要注意商标与商标牌是否相符。产品的规格与吊牌的规格是否相符，同时要查清每种制品每种规格是否与装箱明细单相符，要按照装箱明细单的顺序将产品排列整齐，为出厂装集装箱做好准备。

(3) 配套工作

首先将入库的产品分类、分合同、分制品、分规格列好，根据不同客户的要求将相同的面料、制品、规格、板次归拢到一起，进行配套工作。按照包装方法的指示进行工作，配套时所有的上衣商标必须检查一遍，防止有漏钉现象。

(4) 配套检查员

首先对照样卡，包装方法确认挂牌及补修袋的位置配套方法是否一致，然后进行每套必检工作，先将上衣的面料制品、规格和裤子的面料、制品、规格对照无误后，将上衣外观整理如下：看看领口是否有歪斜现象，将衣襟左搭右摆放好，然后进行下一套的工作。

(5) 清点包装用品

按生产领料单和裁断报告书查点包装用品。如发现不足或有未到的包装物件应及时与核算员联系并做好记录。

(6) 装补修袋

对照样卡,确认面料、扣子是否正确。按照指示单的数量和包装方法指示将上衣补修袋内装入大、小扣各一枚,补修布一块。裤子补修袋内装入两片脚磨布,然后将补修袋分类装入配套产品的上衣兜内、裤子后兜。同时将袋内的物品与产品对照检查。确认无误后,进行大批量工作。

(7) 清理浮毛

对套袋和装箱前的产品里外各个部位的浮毛要处理干净。

(8) 装纸箱工作

确认纸箱的箱标是否正确,按照生产指示的装箱明细单将各箱产品明细写在纸箱上。装箱时产品摆放要求:将配好套的产品上衣平放,衣襟打开,裤子放在上衣内,要求左兜在上,腰口朝下,裤腿与腰对折,拉链不准拉死,上衣领子立起,上衣襟左搭右,袖子自然顺放。五套一方向(客户要求)叠放整齐,将箱膜盖好,封箱打包。其他增加项目根据客户要求去工作。

(9) 挂衣走货

按指定的衣架及包装方法挂牌、装备扣袋,每套衣服一个塑料袋,根据客户要求在塑料袋外粘分店牌和规格贴,并按装箱明细单(挂装图)依次排列产品。

(10) 装集装箱

确认箱号是否与物流公司提供的箱号相符,打开集装箱,首先铺上塑料布,再进入箱内,以防踩脏,将横梁和压盖查清数量并核对与工厂实定数量是否相符。挂装产品横梁间距要相等。每根横梁挂装数量要根据客户的要求去做,不得挤压,产品顺序与装箱图相符,装完箱后将塑料布抽出叠好,以备下次再用,最后将集装箱门封好。

附 录

附录1 中华人民共和国国家标准（GB/T 2664—2001）

男西服、男大衣

中华人民共和国国家质量监督检验检疫总局 2001–08–28 批准　　　　2002–02–01 实施

1 范围

　　本标准规定了男西服、男大衣的要求、检验（测试）方法、检验分类规则，以及标志、包装、运输和贮存等全部技术特征。

　　本标准适用于以纯毛、毛混纺、毛型化学纤维等织物为原料，成批生产的男西服、男大衣等毛呢类服装。

2 引用标准

　　下列标准所包含的条文，通过在本标准中引用而构成为本标准的条文。本标准出版时，所示版本均为有效。所有标准都会被修订，使用本标准的各方应探讨使用下列标准最新版本的可能性。

GB 250—1995　评定变色用灰色样卡

GB 251—1995　评定沾色用灰色样卡

GB/T 1335.1—1997　服装号型　男子

GB/T 2910—1997　纺织品　二组分纤维混纺产品定量化学分析方法

GB/T 2911—1997　纺织品　三组分纤维混纺产品定量化学分析方法

GB/T 2912.1—1998　纺织品　甲醛的测定　第 1 部分：游离水解的甲醛（水萃取法）

GB/T 3920—1997　纺织品　色牢度试验　耐摩擦色牢度

GB/T 4802.1—1997　纺织品　织物起球试验　圆轨迹法

GB 5296.4—1998　消费品使用说明　纺织品和服装使用说明

GB/T 5711—1997　纺织品　色牢度试验　耐干洗色牢度

FZ/T 20019—1999　毛机织物缝口脱开程度试验方法

FZ/T 24002—1993　精梳毛织品

FZ/T 24003—1993　粗梳毛织品

FZ/T 24004—1993　精梳低含毛混纺及纯化纤毛织品

FZ/T 24008—1998　精梳高支轻薄型毛织品

FZ/T 80002—1991　服装标志、包装、运输和贮存

FZ/T 80007.1—1999　使用黏合衬服装剥离强度测试方法

FZ/T 80007.3—1999　使用黏合衬服装耐干洗测试方法

3 要求

3.1 使用说明规定

使用说明按 GB 5296.4 规定执行。

3.2 号型规定

3.2.1 号型设置按 GB/T 1335.1 规定选用。

3.2.2 成品主要部位规格按 GB/T 1335.1 有关规定自行设计。

3.3 原材料规定

3.3.1 面料

按 FZ/T 24002、FZ/T 24003、FZ/T 24004、FZ/T 24008 或有关纺织面料标准选用。

3.3.2 里料

采用与面料性能、色泽相适合的里料，特殊需要除外。

3.3.3 辅料

3.3.3.1 衬布

采用适合所用面料的衬布，其收缩率应与面料相适宜。

3.3.3.2 垫肩

采用棉或化纤棉等材料。

3.3.3.3 缝线

采用适合所用面辅料、里料质量的缝线。钉扣线应与扣的色泽相适宜；钉商标线应与商标底色相适宜（装饰线除外）。

3.3.3.4 纽扣、附件

采用适合所用面料的纽扣（装饰扣除外）及附件。纽扣、附件经洗涤和熨烫后不变形、不变色。

3.4 经纬纱向技术规定

3.4.1 前身：经纱以领口宽线为准，不允许斜。

3.4.2 后身：经纱以腰节下背中线为准，西服倾斜不大于 0.5cm，大衣倾斜不大于 1cm；条格料不允许斜。

3.4.3 袖子：经纱以前袖缝为准，大袖片倾斜不大于 1cm；小袖片倾斜不大于 1.5cm（特殊工艺除外）。

3.4.4 领面：纬纱倾斜不大于 0.5cm，条格料不允许斜。

3.4.5 袋盖：与大身纱向一致，斜料左右对称。

3.4.6 挂面：以驳头止口处经纱为准，不允许斜。

3.5 对条对格规定

3.5.1 面料有明显条、格在 1cm 及以上的按表 1 规定。

表 1　　　　　　　　　　条、格在 1cm 以上的对条对格规定

部 位	对条对格规定
左右前身	条料对条，格料对格，互差不大于 0.3cm
手巾袋与前身	条料对条，格料对格，互差不大于 0.2cm
大袋与前身	条料对条，格料对格，互差不大于 0.3cm

续表

部 位	对条对格规定
袖与前身	袖肘线以上与前身格料对格，两袖互差不大于 0.5cm
袖缝	袖肘线以下，前后袖缝格料对格，互差不大于 0.3cm
背缝	以上部为准，条料对称，格料对格，互差不大于 0.2cm
背缝与后领面	条料对条，互差不大于 0.2cm
领子、驳头	条格料左右对称，互差不大于 0.2cm
摆缝	袖窿以下 10cm 处，格料对格，互差不大于 0.3cm
袖子	条格顺直，以袖山为准，两袖互差不大于 0.5cm

注：特别设计不受此限。

3.5.2　面料有明显条、格在 0.5cm 及以上的，手巾袋与前身条料对条，格料对格，互差不大于 0.1cm。

3.5.3　倒顺毛、阴阳格原料，全身顺向一致（长毛原料，全身上下顺向一致）。

3.5.4　特殊图案面料以主要图为主，全身顺向一致。

3.6　拼接规定

大衣挂面允许两接一拼，在第一至第二扣眼之间，避开扣眼位，在两扣眼之间拼接。西服、大衣的台场允许两接一拼，其他部位不允许拼接。

3.7　色差规定

袖缝、摆缝色差不低于 4 级，其他表面部位高于 4 级。套装中上装与裤子的色差不低于 4 级。

3.8　外观疵点规定

成品各部位疵点允许存在程度按表 2 规定。成品各部位划分见图 1。每个独立部位只允许疵点一处（优等品前领面及驳头不允许出现疵点），未列入本标准的疵点按其形态，参照表 2 相似疵点执行。

3.9　缝制规定

3.9.1　针距密度按表 3 规定。

3.9.2　各部位缝制线路顺直、整齐、平服、牢固。主要表面部位缝制皱缩按《男西服外观起皱样照》规定，不低于 4 级。

3.9.3　上下线松紧适宜，无跳线、断线。起落针处应有回针。

3.9.4　领子平服，领面松紧适宜。

3.9.5　绱袖圆顺，前后基本一致。

图 1

表 2　　　　　　　　　　　　　　**成品各部位疵点允许存在程度**

疵点名称	各部位允许存在程度		
	1 号部位	2 号部位	3 号部位
粗于一倍粗纱	0.3 ~ 1cm	1 ~ 2cm	2 ~ 4cm
大肚纱(三根)	不允许	不允许	1 ~ 4cm
毛粒(个)	2	4	6
条痕(折痕)	不允许	1~2cm，不明显	2 ~ 4cm，不明显
斑疵(油、锈、色斑)	不允许	不大于 0.3cm²，不明显	不大于 0.5cm²，不明显

表 3　　　　　　　　　　　　　　　　**针距密度**

项　目	针距密度		备　注
明暗线	3cm/12 ~ 14 针		特殊需要除外
包缝线	3cm 不少于 9 针		—
手工针	3cm 不少于 7 针		肩缝、袖窿、领子不低于 9 针
手拱止口机拱止口	3cm 不少于 5 针		
三角针	3cm 不少于 9 针		以单面计算
锁扣眼	细线	1cm/12 ~ 14 针	机锁扣眼
	粗线	1cm 不少于 9 针	手工锁扣眼
钉扣	细线	每孔不少于 8 根线	缠脚线高度与止口厚度相适应
	粗线	每孔不少于 4 根线	

3.9.6　滚条、压条要平服，宽窄一致。

3.9.7　袋布的垫料要折光边或包缝。

3.9.8　袋口两端应打结，可采用套结机或平缝机回针。

3.9.9　袖窿、袖缝、底边、袖口、挂面里口、大衣摆缝等部位叠针牢固。

3.9.10　锁扣眼定位准确，大小适宜，扣与眼对位，整齐牢固。纽脚高低适宜，线结不外露。

3.9.11　商标、号型标志、成分标志、洗涤标志位置端正，清晰准确。

3.9.12　各部位缝线迹 30cm 内不得有两处单跳和连续跳针，链式线迹不允许跳针。

3.10　成品主要部位规格极限偏差按表 4 规定。

表 4　　　　　　　　　　　　**成品主要部位规格极限偏差**　　　　　　　　　单位：cm

序号	部位名称		允许偏差
1	衣长	西服	± 1.0
		大衣	± 1.5
2	胸围	西服	± 2.0
		大衣	± 2.0
3	领大		± 0.6
4	总肩宽		± 0.6
5	袖长	绱袖	± 0.7
		连肩袖	± 1.2

3.11 外观质量

外观质量按表 5 规定。

表 5 外观质量规定

部位名称	外观质量规定
领子	领面平服,领窝圆顺,左右领尖不翘适宜
驳头	串口、驳口顺直,左右驳头宽窄、领嘴大小对称,领翘适宜
止口	顺直平挺,门襟不短于里襟,不搅不豁,两圆头大小一致
前身	胸部挺括、对称,里、面、衬服帖,省道顺直
袋、袋盖	左右袋高、低、前、后对称,袋盖与袋宽相适应,袋盖与大身的花纹一致
后背	平服
肩	肩部平服,表面没有褶,肩缝顺直,左右对称
袖	绱袖圆顺,吃势均匀,两袖前后、长短一致

3.12 整烫外观规定

3.12.1 各部位熨烫平服、整洁,无烫黄、水渍、亮光。

3.12.2 覆黏合衬部位不允许有脱胶、渗胶及起皱。

3.13 理化性能要求。

3.13.1 干洗后缩率按表 6 规定。

表 6 干洗后收缩率 单位:cm

部位名称	干洗后收缩率
衣长	≤1.0
胸围	≤0.8

3.13.2 干洗后起皱级差按表 7 规定。

表 7 干洗后起皱级差

等级	优等品	一等品	合格品
干洗后起皱级差	>4	4	≥3

3.13.3 覆黏合衬部位剥离强度规定

覆黏合衬部位剥离强度≥6N/2.5cm×10cm。

3.13.4 色牢度规定

成品耐干洗色牢度、耐干摩擦色牢度允许程度按表 8 规定。

表 8 成品色牢度允许程度

项 目		色牢度允许程度		
		优等品	一等品	合格品
耐干洗	变色	≥4~5	≥4	≥3~4
	沾色	≥4~5	≥4	≥3~4
耐干摩擦	沾色	≥4	≥3~4	≥3

3.13.5 起毛起球规定

成品摩擦起毛起球允许程度按表 9 规定。

表 9　　　　　　　　　　**成品起毛起球允许程度**

项 目	起毛起球允许程度	
	优等品	一等品、合格品
精梳（绒面）	≥3～4	≥3
精梳（光面）	≥4	≥3～4
粗梳	≥3～4	≥3

3.13.6 缝制强力规定

成品主要部位缝份纰裂程度按表 10 规定。

表 10　　　　　　　　　**成品主要部位缝份纰裂程度**

等 级	纰裂程度
优等品	≤0.5cm
一等品、合格品	≤0.6cm

3.13.7 成品释放甲醛含量≤300mg/kg。

3.13.8 成品所用原料的成分和含量应与使用说明上标注的内容相符。

4　检验（测试）方法

4.1　检验工具

4.1.2　评定变色用灰色样卡（GB 250）

4.1.3　评定沾色用灰色样卡（GB 251）

4.1.4　男西服外观起皱样照。

4.1.5　男女毛呢服装外观疵点样照。

4.1.6　精梳毛织品起球样照（绒面）（GB/T 4802.1）、精梳毛织品起球样照（光面）（GB/T 4802.1）、粗梳毛织品起球样照（GB/T 4802.1）。

4.2　成品规格测定

4.2.1　成品主要部位规格按 3.2.2 规定。

4.2.2　成品主要部位的测量方法按表 11 和图 2 规定，允许偏差按 3.10 规定。

表 11　　　　　　　　　　　**成品主要部位的测量方法**

部位名称		测量方法
衣长		由前身左襟肩缝最高点垂直量至底边，或由后领中垂直量至底边
胸围		扣上纽扣（或合上拉链）前后身摊平，沿袖窿底缝水平横量（周围计算）
领子		领子摊平横量，立领量上口，其他领量下口（叠门除外）
总肩宽		由肩袖缝的交叉点摊平横量
袖长	绱袖	由肩袖缝的交叉点量至袖口边中间
	连肩袖	由后领中沿肩袖缝交叉点量至袖口中间
注：特殊需要的按企业规定。		

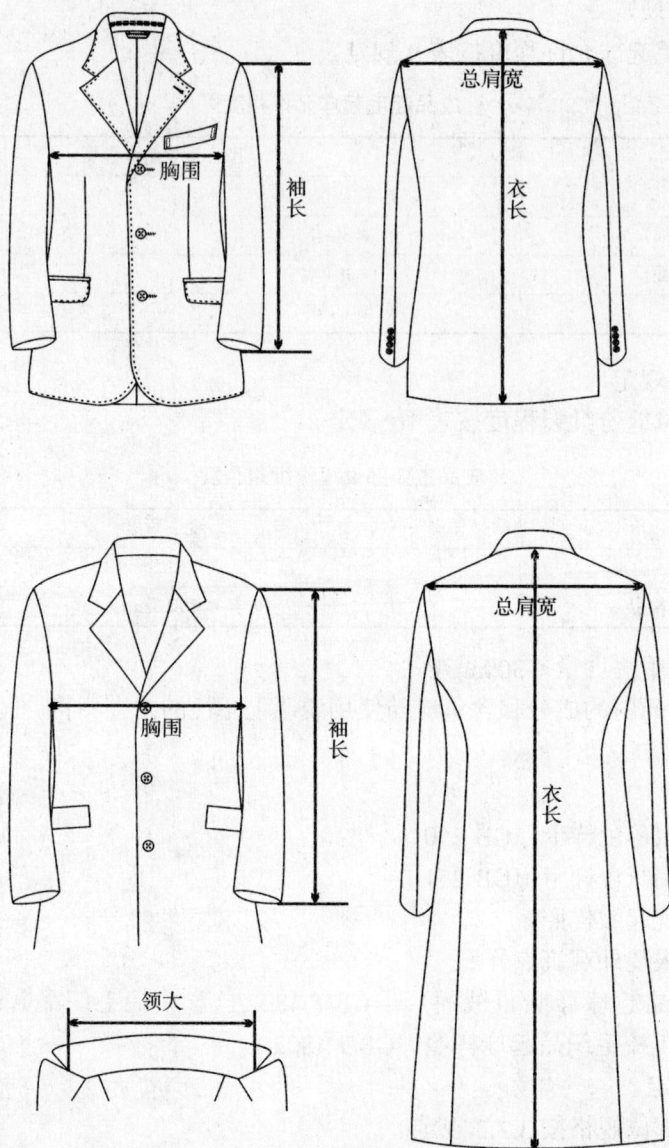

图 2

4.3　外观测定

4.3.1　对条对格按 3.5 规定。

4.3.2　测定色差程度时，被测部位必须纱向一致，用 600LK 及以上的等效光源。入射光与被测物约成 45°角，观察方向与被测物大致垂直，距离 60cm 目测。色差按 3.7 规定，与 GB 250 样卡对比。

4.3.3　成品各部位疵点允许存在程度按 3.8 规定，与男女毛呢服装外观疵点样照对比。

4.3.4　缝制按 3.9 规定。针距密度按表 3 规定，在成品上任取 3cm 测量（厚薄部位除外）。

4.3.5　纬斜测定：按式（1）计算纬斜率（略）。

4.3.6　整烫外观按 3.12 规定。

4.4　理化性能指标测定

4.4.1　成品干洗后缩率允许程度按 3.13.1 规定，测试方法按 FZ/T 80007.3 规定。

4.4.2　成品干洗后起皱按 3.13.2 规定，与男西服外观起皱样照对比。

4.4.3　成品覆黏合衬部位剥离强度允许程度按 3.13.3 规定，测试方法按 GB/T 3920、GB/T 5711 规定。

4.4.4　成品摩擦起毛起球允许程度按 3.13.5 规定，试验方法按 GB/T 4802.1 规定，与精梳毛织品起球样照（绒面、光面）（GB/T 4802.1）、粗梳毛织品起球样照（GB/T 4802.1）对比。

4.4.5　成品缝份纰裂程度按 3.13.6 规定，测试方法按附录 A 规定。

成品缝份纰裂程度测试取样部位按表 12 规定。

表 12　　　　　　　　　　　成品缝份纰裂程度测试取样部位

取样部位名称	取样部位规定
后背缝	后领中向下 25cm
袖窿缝	后袖窿弯处
摆缝	袖窿处向下 10cm

4.4.6　成品释放甲醛含量允许程度按 3.13.7 规定，测试方法按 GB/T 2912.1 规定。

4.4.7　成品所用原料的成分和含量的测试方法按 G/T 2910、GB/T 2911 等规定。

4.4.8　尚未提及的理化性能测试取样部位，可按测试项目在成品上任意选取。

5　检验分类规则

5.1　检验分类

成品检验分出厂检验、一般形式检验和形式检验。

5.1.1　出厂检验按第 3 章规定，3.13 除外。

5.1.2　一般形式按第 3 章规定，3.13.3 和 3.13.6 除外。

5.1.3　形式检验按第 3 章规定（只在质量仲裁等情况下使用）。

5.2　质量等级划分规则

成品质量的等级划分是以存在缺陷的数量及其轻重的不同程度为依据。抽样样本中的单件产品以缺陷的数量及其轻重程度划分等级，批等以抽样样本中单件产品的品等数量划分。

5.2.1　缺陷

单件产品不符合本标准所规定的技术要求即构成缺陷。

按照产品不符合标准和对产品的性能、外观的影响程度，缺陷分成三类：

（1）严重缺陷

严重降低产品的使用，严重影响产品外观的缺陷，称为严重缺陷。

（2）重缺陷

不严重降低产品的使用性能，不严重影响产品的外观。但较严重不符合标准规定的缺陷，称为重缺陷。

(3) 轻缺陷

不符合标准的规定，但对产品的使用性能和外观影响较小的缺陷，称为轻缺陷。

5.2.2 质量缺陷判定依据见表 13。

表 13 成品质量缺陷判定依据

项目	序号	轻缺陷	重缺陷	严重缺陷
外观及缝制质量	1	商标不端正，明显歪斜，钉商标线与商标底色的色泽不相符	使用说明内容不准确	使用说明内容缺项
	2	—	—	使用黏合衬部位脱胶、渗胶、起皱
	3	领子、驳头面、衬、里松紧不适宜；表面不平挺	领子、驳头面、里、衬松紧明显，不平挺	—
	4	领口、驳口、串口不顺直；领子、驳头止口反吐	—	—
	5	领尖、领嘴、驳头左右不一致，尖圆对比互差大于0.3cm；领豁口左右明显不一致	—	—
	6	绱领不牢固	绱领严重不牢固	—
	7	领窝不平服、起皱；绱领（领肩缝对比）偏斜大于0.5cm	领窝严重不平服、起皱；绱领（领肩缝对比）偏斜大于0.7cm	—
	8	领翘不适宜；领外口松紧不适宜；底领外露	领翘严重不适宜；底领外露大于0.2cm	—
	9	肩缝不顺直；不平服；后省位左右不一致	肩缝严重不顺直；不平服	—
	10	两肩宽窄不一致，互差大于0.5cm	两肩宽窄不一致，互差大于0.8cm	—
	11	胸部不挺括，左右不一致，腰部不平服	胸部严重不挺括，腰部严重不平服	—
	12	袋位高低互差大于0.3cm；前后差大于0.5cm	袋位高低互差大于0.8cm；前后互差大于1cm	—
	13	袋盖长短、宽窄互差大于0.3cm；口袋不平服、不顺直；嵌线不顺直、宽窄不一致；袋角不整齐	袋盖小于袋口（贴袋）0.5cm（一侧）或小于嵌线；袋布垫料毛边无包缝	—
	14	门、里襟不顺直、不平服；止口反吐	止口明显反吐	—
	15	门襟长于里襟，西服大于0.5cm，大衣大于0.8cm；里襟长于门襟；门里襟明显搅豁	—	—
	16	扣眼位距离偏差大于0.4cm；扣眼与扣位互差0.4cm；扣眼歪斜，扣眼大小互差大于0.2cm	—	—
	17	底边明显宽窄不一致、不圆顺；里子底边宽窄明显不一致	里子短，面明显不平服；里子长，明显外露	—

续表

项目	序号	轻缺陷	重缺陷	严重缺陷
外观及缝制质量	18	绱袖不圆顺，吃势不适宜；两袖前后不一致，大于 1.5cm；袖子起吊、不顺	绱袖明显不圆顺；两袖前后明显不一致，大于 2.5cm；袖口明显起吊、不顺	—
	19	袖长左右对比互差大于 0.7cm；两袖口对比互差大于 0.5cm	袖长左右对比互差大于 1.0cm；两袖口对比互差大于 0.8cm	—
	20	后背不平、起吊；开衩不平服、不顺直；开衩止口明显搅豁；开衩长短互差大于 0.3cm	后背明显不平服、起吊	—
	21	衣片缝合明显松紧不平、不顺直；连续跳针（30cm 内出现两个单跳针按连续跳针计算）	表面部位有毛、脱、漏（影响使用和牢固）；链式缝迹跳针有一处	—
	22	有叠线部位漏叠两处（包括两处）以下；衣里有毛、脱、漏等现象	有叠线部位漏叠超过两处	—
	23	明线不弯曲	明显双轨	—
	24	滚条不平服、宽窄不一致；腰节以下活里没包缝	—	—
	25	轻度污渍；熨烫不平服；有明显水花、亮光；表面有大于 1.5cm 的死线头 3 根以上	有明显污渍，污渍大于 2cm²；水花大于 4cm²	有严重污渍，污渍大于 50cm²；烫黄、破损等，严重影响使用和美观
	26		拼接不符合 3.6 规定	—
色差	27	表面部位色差不符合本标准规定的半级以内；衬布影响色差低于 4 级	表面部位色差超标准规定半级以上；衬布影响色差低于 3~4 级	—
辅料	28	里料、缝纫线色泽、色调与面料不相适应；钉扣线与扣色泽、色调不适应	里料、缝线的性能与面料不适应	—
疵点	29	2、3 部位超本标准规定	1 部位超本标准规定	对条对格
	30	对条、对格，纬斜超本标准规定 50% 及其以内	对条、对格，纬斜超本标准规定 50% 以上	面料倒顺毛，全身顺向不一致；特殊图案顺向不一致
针距	31	低于本标准规定 2 针以内（含 2 针）	低于本标准规定 2 针以上	
规格允许偏差	32	规格超过本标准规定 50% 以内	规格超过本标准规定 50% 以上	规格超过本标准规定 100% 及其以上
锁扣眼	33	规格间距互差大于 0.4cm；偏斜大于 0.2cm，纱线绽出	跳线；开线；毛漏；漏开扣眼	—
钉扣及附件	34	扣与扣眼位互差大于 0.2cm（包括附件等）；钉扣不牢	扣与扣眼互差大于 0.5cm（包括附件等）	纽扣、金属扣脱落（包括附件等）；金属件锈蚀

注：1. 以上各缺陷按序号逐项计算。

2. 本规则未涉及到的缺陷可根据标准规定，参照规则相似缺陷酌情判定。

3. 凡属丢工、少序、错序，均为重缺陷。缺件为严重缺陷。

4. 理化性能一项不合格即为该抽验批不合格。

5.3　抽样规定

外观抽样数量按产品批量：

500 件（含 500 件）以下抽验 10 件。

500 件以上至 1 000 件（含 1 000 件）抽验 20 件。

1 000 件以上抽验 30 件。

理化性能抽样 4 件。

5.4　判定规则

5.4.1　单件（样本）外观判定

优等品：严重缺陷数=0　重缺陷数=0　轻缺陷数≤4

一等品：严重缺陷数=0　重缺陷数=0　轻缺陷数≤7 或

严重缺陷数=0　重缺陷数=0　轻缺陷数≤3

合格品：严重缺陷数=0　重缺陷数=0　轻缺陷数≤10 或

严重缺陷数=0　重缺陷数≤1　轻缺陷数≤6 或

严重缺陷数=0　重缺陷数≤2　轻缺陷数≤2

5.4.2　批量判定

优等品批：外观样本中的优等品数≥90%，一等品、合格品数≤10%。理化性能测试再以优等品指标要求。

一等品批：外观样本中的一等品以上的产品数≥90%，合格品数≤10%（不含不合格品）。理化性能测试达到一等品指标要求。

合格品批：外观样本中的合格品以上产品数≥90%，不合格品数≤10%（不含严重缺陷不合格品）。理化性能测试达到合格品指标要求。

当外观缝制质量判定与理化性能判定不一致时，执行低等级判定。

5.4.3　抽验中各外观批量判定数符合规定，为判定合格的等级品批出厂。

5.4.4　抽验中各外观批量判定数不符合规定时，应进行第二次抽验。抽验数量增加一倍，如仍不符合标准规定，应全部整修或降等。

6　标志、包装、运输和贮存

标志、包装、运输和贮存按 FZ/T 80002 执行。

备注：

近年来，随着我国服装制造业的发展，男西服产品的工艺及质量水平有了较大的提高，原《男西服、大衣》国家标准的部分技术内容已不能满足当前的生产和销售的要求，需要进行必要的修改和补充。同时，我国的强制性标准 GB 18401 等对服装的安全性方面提出了更高的要求，本标准在技术考核内容中也需要作相应的补充，以达到国家的相关规定。2008 年 11 月 10—11 日，全国服装标准化技术委员会在泉州市组织召开标准审定会议。标准起草小组根据专家意见修改了国家标准《男西服、大衣》的部分技术内容。

主要修订内容：

（1）修改了标准的适用范围，明确了产品使用的主要面料为机织物。

（2）根据增加的技术考核要求，补充了规范性引用文件。

（3）根据国家对服装产品使用说明的要求，增加了 GB 18401 的技术规定。

（4）根据目前的工艺水平及西服质量控制的需要，对成品外观疵点的技术要求进行了修改和补充。

（5）理化性能要求：

①增加了 pH、可分解致癌芳香胺染料、异味等考核要求，技术指标与国家强制性标准 GB 18401 保持一致。

②针对目前产生的一些质量问题，增加了耐皂洗色牢度、耐水色牢度、耐光色牢度的考核要求。按照标准规定的技术指标进行验证，合格率达到 92%以上。

③将干洗后缩率修改为干洗尺寸变化率，衣长为–1.0~+1.0cm；胸围为–0.8~+0.8cm。增加了水洗尺寸变化率，衣长–1.5~+1.5cm；胸围–1.0~+1.0cm。

④增加了面料撕破强力不小于 10N 的规定，验证结果表明，大多数面料能达到考核要求。修改了纰裂的考核要求，统一规定为不大于 0.6cm。

（6）根据目前的工艺水平及质量控制要求，修改了成品质量缺陷判定和单件外观判定的技术内容，适当提高了单件外观判定的要求。

（7）修改了附录 A "缝子纰裂程度试验方法"。

附录2　胸衬设计制作标准图

①衣身　②大身衬　③肩衬　④辅胸衬　⑤胸绒
⑥胸衬设计制作标准

附录 3　格子料对格标准位置图

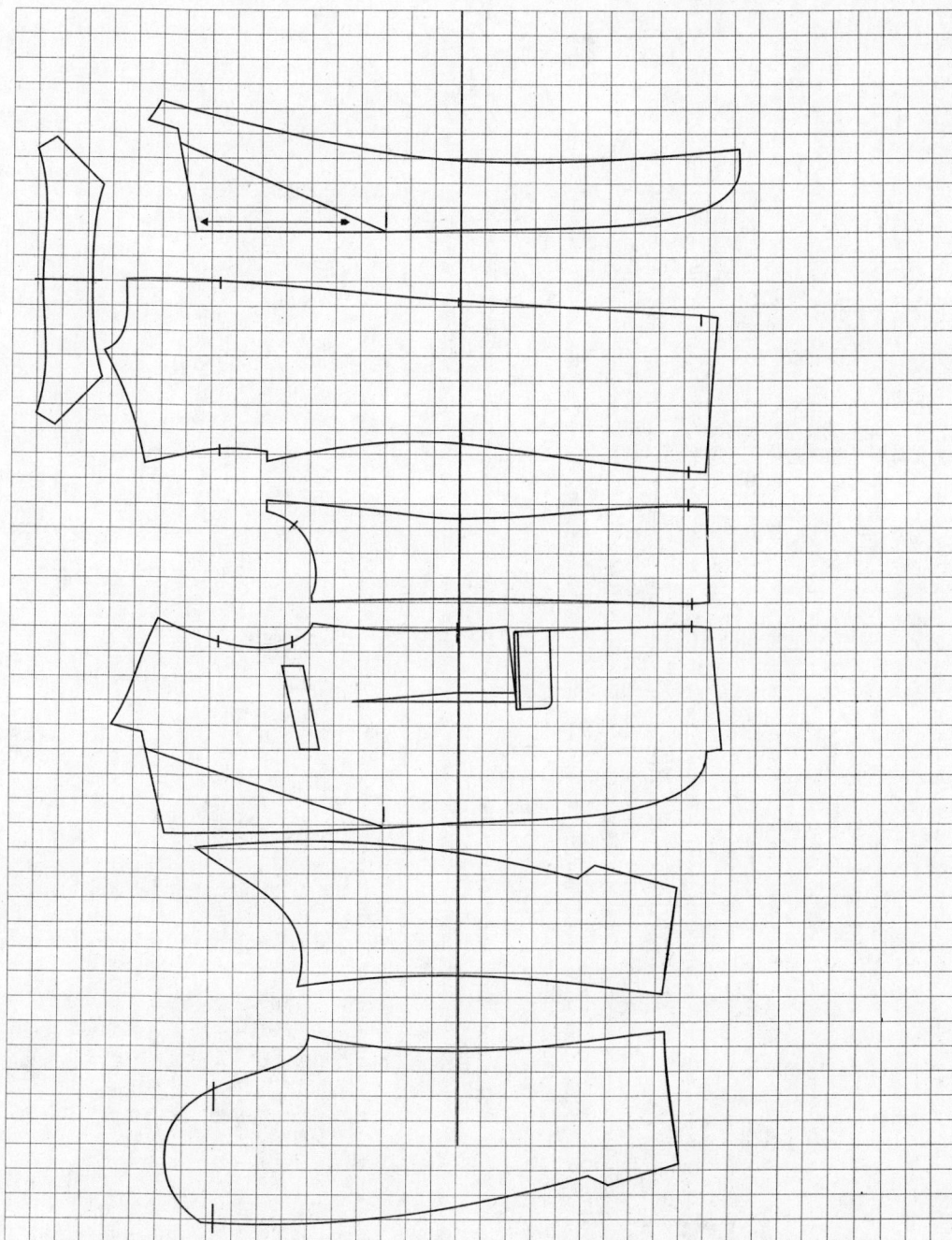